Schriften

von

Karl und Karoline Woltmann.

Dritter Band.

Berlin 1806.
In der Realschulbuchhandlung.

Blätter der Liebe

von

Karl und Karoline Woltmann.

Erstes und zweites Buch.

Berlin 1806.
In der Realschulbuchhandlung.

Blätter der Liebe.

Erstes Buch.

1.

Mit zitternder Hand schreibe ich zum erstenmal Du! wie ich es gestern zum erstenmal auf deine flammenden Lippen bebend hauchte. O Regina, mich umfängt ein andrer Himmel, mich weht eine andre Luft an, seit die süße Flamme zwischen unsern Lippen geathmet hat. Ihr liebliches Feuer steigt geistig auf, wohin ich blicke, und lodert tief in meinem Innern. Dies Blatt, worauf ich das Du! Du! schreibe, glüht unter meinen Fingern, und alle Farben schwimmen auf ihm in entzücktem Spiel durcheinander, um den seligen Zustand meiner Seele auszusprechen.

Als ich gestern von dir stürmte, rissen mich Geister durch die verwandelten Straßen, bekannte Gesichter kamen mir vor, wie Gestalten aus einem Traumlande, und ich wunderte mich, daß sie mich kannten, und keinem konnte ich Rede stehn. Was sollte ich ihnen sagen? was wußte ich denn, als daß unsre Lippen sich flammend berührt hatten? und durfte ich das verrathen?

Wol klang und redete Alles davon, wol wußten es Steine und Wolken, doch ich hätte es keinem Sterblichen gestehn können, ohne zugleich die Seele auszuhauchen. Aber als ich das Thor erreicht hatte, da sagten es mir die hochrauschenden Wipfel, die freundlichen Blumen, ja meine Bäume, meine Blumen, mit welchen ich oft von dir gesprochen hatte, als ich es selbst noch nicht wußte, daß ich dich liebte.

Milder und farbig und duftig lagerten sich nun tausend süße Gebilde um mich, und in alle waren deine Stimme, deine Gestalt zauberisch verwebt. Die freundliche Frühlingssonne spielte an meinen Scheiben, und die Lüfte verlangten, daß ich ihnen alle Flügel öffnete. Da flogen sie zu mir herein mit lustigem Gesäusel, mit Klängen von Liebe und Seligkeit, und bisweilen zog sich durch sie ein langer lauer Hauch mir ans Herz mit verwundender geheimer Macht, und das Herz wurde mir so voll, daß ich all' das Weh fühlte, mit welchem die übervollen Knospen, so weit mein Blick reichte, sich durch die Hülle zum Frühling, zum Leben hinausdrängen mußten.

Als sie von der Wintersonne zuerst aus dem alldurchdringenden Safte hervorgelockt wurden, da hat sich von deinen Blicken zuerst die Liebe in meinem Herzen angesetzt. Mir unbewußt entstand, keimte sie. Monate lang war ich in deiner lieben Gegenwart, ohne dich oder mich oder uns beide zu denken. Im Großen und Schönen waren wir mit einander vertraut; aber wir selbst blieben uns einander fremd. In einem Dritten hatten wir unser Daseyn, und die Welt mit ihren wundervollen Geheimnissen ging in unsern Gesprächen vorüber. Unsre Blicke hingen trunken aneinander, aber sie galten nicht uns, sondern dem Gedanken, den wir wechselten, dem Bilde, das uns beiden vorschwebte. So saßen wir viele, viele schöne Stunden gegen einander: unsre Hände waren verschlungen, dein schlanker Arm legte sich oft an meine Brust, meine Schulter; und wenn süße Schauer mich dann überschlichen: so überflog ein höheres Roth deine Wangen, noch heller glänzten deine Augen. Unbewußt küßten wir beide deine blühende Volkameria, und von ihrem Duft schien der süße Schauer auszugehn.

Hätte uns damals das Schicksal von einander gerissen, ich würde eine ewige Sehnsucht nach dir empfunden haben; aber hätte nicht der Augenblick der Trennung die Liebe aus unsern Herzen hervorgedrängt, ich wäre nimmer ihrer bewußt geworden. Ueberreif mußte das zarte Geheimniß werden, ehe es aus der Hülle hervorbrach.

Tausendfach hatte ich deine Hand gedrückt, oft hattest du mich, wenn ich gehn wollte, an deinen Sessel gezogen, und mich mit deinem weichen Tone gebeten, noch zu bleiben: zurückgebogen lagst du da, wie ein schlanker Rosenstrauch, den der Wind sanft niederbeugt; ich fühlte deinen Athem, dein überhangendes Haar spielte an meiner Stirn. So hieltest du mich lange, und ich ging, ich kam wie immer.

Gestern senkte mich eine höhere Macht auf deine Lippen, und sie flammten mir entgegen; alles Geheimniß wurde vom Schicksal zersprengt, und eine süße Nothwendigkeit hat uns bezwungen. Dein Leben lodert in meinem, deine Seele jauchzt und weint freudig in der meinen. Weich und stark, zitternd und übermuthig bin ich versenkt in die lieblichste Wollust und erhabene Aussichten. Ich denke dich und Menschenbestimmung und das Ganze der Welten, und zuletzt gehn alle Gedanken, alles Treiben doch wieder in deinem Kuß auf.

O der Thränen, die aus deinen Augen quollen, als sich das schöne Geheimniß in Erschütterungen lösete! ich habe sie mit meinen Lippen aufgesogen und sie in meine Seele genommen, und mit unerforschlich süßem, ahndungsvollen Grauen sehe ich dich, wie nach dem Flammenkuß und der flüchtigen Rosenglut der Liebe eine luftige Blässe über dein Gesicht fuhr. Dein Athem fehlte und das Leben trat zurück, um seine eigne Seligkeit zu belauschen.

In dieser unsterblichen Blässe habe ich dich gedacht, wie ich in der Nacht unter deinen Fenstern auf und nieder ging, von welchen nur kurze Zeit noch Kerzenschein schimmerte. Als er erloschen war, sandten die Sterne ihren freundlichen Schimmer auf deine Scheiben. Ach, hätte ich mit ihnen hineinschauen können, und dich sehn, wie der Schlummer sich vergebens bemühte, deine Augen zu schließen. Sie blickten in das Dunkel, wie zwei Sterne, und gingen himmelan, wie die Sterne, deren keiner auf eine so reiche selige Welt schaute, als du. Unser Leben ging vor dir vorüber, und duftig, tönend, mit ewig quellendem Himmelsblau, mit unsterblichen Klängen lag vor dir der gestrige Morgen. Da trat dein Blut wieder vor Freude zurück, und die unsterbliche Blässe leuchtete wieder auf deinem Angesichte. Du warst der Tuberose in der Nacht zu vergleichen.

Ich hätte alle Sterne des Himmels an meine Brust reissen mögen, und hinausstreuen in die Morgenglut, die mir entgegenbrach, da ich die Stadt wieder verließ.

Regina! Geliebte! innige, herzige Regina! rastlos treiben mich die Stürme der Liebe umher! ich kann die Stunde nicht erwarten, wo ich dich wiedersehn darf, und doch bangt mich vor ihrer nahen erschutternden Fülle.

2.

Dich wiedersehen! dich wiedersehen! werd' ich es denn ertragen! Tausendmal habe ich die Feder ergriffen, dir zu schreiben; ich muß zu dir sprechen, ehe ich dich wiedersehe; immer wieder sie weggeworfen: meine Hände zittern, meine Seele zittert, Worte sprechen es nicht aus, was sich reissend durch mein Leben bewegt: es ist das

Geheimniß der Natur, es ist, wovon Luft und Himmel klingen, und was man keiner Seele sagen kann, sagen soll, als dem Geliebten.

Geliebter! seit ich dich kannte, hab ich, mir ungestanden, verlangt nach diesem Augenblicke, nach diesem höchsten Punkte des Lebens: nun kann ich sterben.

Als du fort warest, lag ich lange ohne Gewalt über meine Gedanken, und dennoch meiner bewußt. Mein ganzes Wesen strebte zu dir, und bei dir zu vergehen. Ich dein! Dann kamen alle vergangene Augenblicke meines Lebens, und drangen auf mich ein, und meine Seele faßte sie alle in dem Gegenwärtigen: ich dein!

Nein, ich habe nicht, wie du starke Seele, mich in dem Höchsten verloren, das unsere Gespräche erfüllte. Mich hat es in Ahndungen befriedigt und gehalten, bis ich dich fand; und als ich dich sah, wie ich dich immer öfter sah, da ward es wie ein Theil von deinem Wesen. Ist es denn noch außer dir? Mich dünkt, was der Mensch weiß, hat, wünscht, fühlt, wäre alles todt ohne dich. Wie ich vorher gelebt habe, begreife ich nicht. Und das höchste Leben ist wieder der Tod. Wenn ich denke, daß du hier stehen wirst, in diesen Räumen, daß ich deine Stimme hören werde, deine Augen sehen, so erliegt mein Herz. Es drängt meine Brust über alles Leben hinaus zu dir.

Wohl dir unter deinen Bäumen! wohl dir in der Natur, ich bin im Zimmer unter Gewühl der Menschen, aber meine Seele ist wie ein blühender Garten, und ich bin in meiner Seele.

Mit Thränen blicke ich hinüber nach dem mastragenden Hafen und dem Gewühl des Strandes voller Mühseligkeit, das sich bis zu unsrem Hause erstreckt, und unsre Speicher erfüllt. Ich so selig, so ruhig, mühelos, wie ein Geist: ich dein!

Und dort jenseit, wo der Himmel sich senkt, da ragen die Berge deiner Heimath, und eine dunkelblaue Wolke schwebt darauf, deine Wälder. So oft habe ich sie gesehen aus diesem Zimmer, ehe du es betreten, und wußte nicht von dir. Ja ich wußte von dir, mein Herz hat dich getragen und geboren.

Ich kann nicht zusammenhängend schreiben. Es reissen sich Worte aus meinem Innern los, selige Gefühle von dir, die zu dir fliegen. Lieber! Lieber! Athme ich noch, spreche ich noch, sind es diese selben Glieder? Und nun schon lange seh ich immer hinüber nach den Bergen mit Entzücken, mit Bangen, mit tiefer Ruhe und seliger Qual, und nun! Eugen! gieb mir Kraft, dich auszusprechen, dir zu sagen, wie du bist, daß du mögest Wonne fühlen, wie ich; Du! Du!

Deine Buchstaben flammen vor meinen Augen, aus jedem bricht dein Bild hervor, beseelt von der Berührung deiner Hand! Und morgen seh ich dich!

3.

Sie war gekommen, die Stunde, wo ich dich wiedersehn sollte. Unter meinen Tritten glühten die Stufen, die zu dir führten; ich brannte, die Lippen wieder zu erblicken, auf welchen mein Leben geflammt hatte; deine süße Gestalt schwebte hin und her vor meinen Augen, deine weissen Arme hoben sich mir entgegen; athemlos fasse ich den Schlüssel deiner Thüre. Da höre ich Unglücklicher mehrere Stimmen, durch welche deine Stimme bisweilen klingt. Lange lausche ich, mit Freude, in deiner Nähe zu seyn, mit Angst, daß die widrigen Menschen dich die Stunden aufhalten mögen, wo ich dich sehen darf. Ich wagte nicht hineinzutreten, dazu hatte ich zu wenig Fassung: an jedem meiner Töne, meiner Blicke hätten die Menschen unser Geheimniß erkannt. Endlich verscheucht mich ein Geräusch, und ich eile die Stufen hinunter.

Ohne Rast trieb ich mich eine Zeitlang umher, und immer kam ich zurück vor den Thurm, der unfern deiner Fenster vor dir aufsteigt, und fragte ihn, der hineinschaute, ob die heilige Stille deines Gemachs nun meiner harre? und wie endlich der Abendschein golden um ihn schwebte, da däuchte mir, als geböte er mir, die Stufen wieder hinaufzueilen. Ich ging, freudig, bebender wie zuvor; und wiederum kamen mir die fremden Stimmen aus deiner Nähe entgegen. War es möglich, daß sie eben jetzt mit ihrer Gleichgültigkeit sich um dich lagerten? wer gab ihnen das heillose Recht, da zu tönen, wo unsre Liebe heimathlich haucht? und ist die Luft um dich so treulos, daß sie auch diese Laute trug, sie, die gehört hat, wie du zu mir sagtest: Lieber! Lieber!

Da dachte ich, wie die Sterne heraufgehn würden, ohne daß ich dich gesehn und überselig deine Lippen berührt hätte. Töne zu andern von ihnen gesprochen, hatte ich gehört: sie erschütterten mein Inneres, und waren mir fremd. Alles an dir ist ja mein. Deine Töne, deine Blicke, das Säuseln deiner Gestalt; die Natur sollte sie befangen, sie verschließen vor den Sinnen aller Wesen. Ihr Genuß ist ja ein Raub an meinem süßen Eigenthum.

Ich durfte dich den Tag nicht mehr sehen; ich sollte die Mauern deiner Stadt verlassen mit tiefgequältem Herzen. Gräßliche Zweifel drangen auf mich ein. Sie wußte doch, sagte ich mir selbst, daß du kommen würdest. Warum trieb sie die unerträglichen Gesichter nicht von sich ab? warum schützte sie nicht unverzügliches Geschäft, Schmerzen vor, um überschwengliche Seligkeit mit dir zu finden? Aber so ist es, vielseitig läßt sich das Weib von der Welt berühren, und die ernste Leidenschaft zersplittert sich bei ihm in allempfängliches Gefühl.

In mich gekehrt, gab ich meinen Leuten Befehl, die Rosse zu rüsten: mich bangte nach der freien Natur, meinen Bäumen, meinen Bergen; und ich erschrecke nicht, unter mir die Steine rasseln zu hören, auf welchen ich immer weiter von dir entfernt wurde. Doch plötzlich überfiel mich noch einmal die unbezwingliche Sehnsucht nach deiner Nähe, ich ließ wenden und deine Straße langsam hinabfahren. O Regina, welcher Anblick, schon ferne das Licht zu sehn, bei welchem die schönen Augen der Geliebten den lichten Tag fortsetzen. Sein Flimmer, freundlich und lieb entgegenzitternd, rührt tiefer, ahndungsvoller als der Sternenhimmel. Ein freudiger Schrecken durchfuhr mich: eine Gestalt war in deinem offnen Fenster, ich erkenne dich, ich sehe die rasche Bewegung deiner Hand, und auf meine Brust fällt die Rose. Ja, ich kenne sie, an deinem Rosenstocke wollte sie eben aufblühen, als dein erster Kuß mich mit ewigem Feuer erfüllte.

Mit glühender Pracht schaute sie mich diesen Morgen an, da ich die Augen aufschlug. In der Liebe geboren, von Küssen der Liebe gesegnet, von Liebe gegeben, empfangen, heilig bewahrt: wie sollte sie nicht im reinsten, schönsten Leben blühen?

4.

Ohne Ruhe irre ich umher, kein Geschäft kann mich fesseln, kein Gedanke, selbst nicht dein Bild. Es reißt mir die Seele aus der Brust, in alle die Räume zertheilt, wo du stehen wirst, wo ich dich sehen werde. In einer Stunde wirst du vor mir stehen, ich werde deine Blicke haben, deine Stimme. Ich sinke nieder, ich küsse die Polster, den kalten Marmor der Tische, die Luft, die um dich seyn wird, und meine Brust erträgt nicht die überschwengliche Wonne, und erliegt in Thränen. Geliebter! unaussprechlich Lieber!

Immer näher kam die Stunde, und mein freudiges Bangen sank in Ruhe tief herab in meine Brust. Da höre ich Laute, Rasseln eines Wagens, nicht des deinen, es hält vor der Thüre unsres Hauses, eine Ahnung überfiel mich, ich trete an das Fenster, und in dem Augenblicke sieht meine Tante mit ihren Töchtern herauf, erblickt mich, und ruft: „wir kommen zu ihnen, liebe Cousine: Ich verbeugte mich, ich hatte kaum Fassung, sie zu begrüßen; ich ließ das Gespräch stocken, meine Angst hatte keine Worte. Noch nicht! noch nicht! rief ich, wenn das Schlagen der Uhr mir verkündete, daß wieder eine Viertelstunde sei, und mit unbeschreiblicher Angst blickte ich auf den Zeiger, der immer näher rückte, der gefürchteten, ersehnten Stunde. Sie gingen nicht; bei jeder Pause im Gespräch hoffte ich, nun würden sie Abschied nehmen. Bei jedem Wagen, der die Straße herabrasselte, glühte mein Gesicht, und dann schlich das Blut mir wieder kalt durch die Adern zurück, meine Nerven bebten. Endlich schlug es voll in meinem Zimmer, draußen in dem Thurm, und laut und leise, nah und fern sich verbreitend durch alle Gassen. Ich konnte meine Thränen kaum zurückhalten; und plötzlich das ferne wohlbekannte, das geliebte Geräusch, du. Ich zitterte, der Athem stockte mir in der Brust, bei jedem Geräusch hoffte ich, nun werdest du eintreten, fürchtete ich, dich zu sehen! ach, dich so zu sehen. Du kamest nicht, die Thüre ging auf, ich zuckte, du tratest nicht herein. Mehr Menschen versammelten sich. O Eugen! Eugen! Es ward immer dunkler, die Stunde verfloß, die Hoffnung verging, ich ward ruhig, aber unbeschreiblich traurig. Endlich war ich allein, und nun ließ ich meinen Thränen freien Lauf. Wo bliebest du! Mir war, als wäre der selige Augenblick, worauf mein Leben ruht, nur eine Täuschung gewesen, ein vergängliches Glück. Und dann dachte ich an deine Bekümmerniß, an was du denken, leiden mögtest. Das ganze Leben kam mir öde vor, es wollte keine, keine Freude in mein Herz kommen, und doch war noch Hoffnung darin, und bebte matt auf bei jedem Geräusch auf den Steigen, bei jedem Gerassel der Wagen. Da hört ich eines, das ich nicht verkennen konnte; mein Herz schlug, als wollte es den Busen sprengen; es kam näher, ich beugte mich heraus, du warst es, ich sah dich, dein Tuch wehte. Ich wollte dir ein Zeichen geben, ich hatte nichts. Da sah ich glücklicherweise den

Rosenstock, und riß die schönste ab, und gab ihr Küsse und Thränen, Thränen der Liebe, Küsse der Liebe. Herrlicher Eugen, wie danke ich dir, wie unaussprechlich, daß du zurück gekommen bist! mein ganzes Leben will ich es dir danken. Wie selig wurde meine Brust, als das fernste Hallen entschwand; bis tief in die Nacht habe ich in die Sterne geschaut, die über deine Wege ihre Bahnen zogen, und sie gesegnet, daß sie dich sähen. Einer, einer vor allen ist mein Freund; sein Licht ist wie deine Augen. Schlummere still, aller Himmelsfrieden über deine Ruhe.

5.

O vergieb, vergieb! Als mir dein Bote in der Frühe die Kupfer, die liebevollen Landschaften gebracht hatte, ich eines der romantischen Blätter nach dem andern flüchtig ansah, mit süßer Erwartung eines nach dem andern umschlug, und endlich zwischen den beiden schönsten deinen Brief fand, den ich an meine Lippen drücke, wie dich selbst: Regina, ich konnte nicht daheim bleiben, bei meinen Studien, meiner Natur. Es glühte in meinen Adern, und mir war wehe, daß ein Vorwurf gegen dich Herrliche, Schuldlose, meine Gedanken überschlichen hatte, gegen dich, die bei dem widrigen Besuche gestern so unaussprechlich litt. In deiner Nähe hoffte ich die Sühne zu athmen; aber ich faßte nicht die leiseste Hoffnung, in deine Gegenwart zu treten. Ich ehre dein Gebot, nur in den beiden schönen Abendstunden zu dir zu kommen.

Golden und schattigt und blau und grün mit allen unabsehbaren Farben wälzte sich der Frühling zwischen meinen Bergen, und jagte übermüthig mit betäubender Eile die Quellen hinunter in euer Thal. Alles ging über die Gränzen mit jubelndem Leben, und spielte verwegen mit der Zerstörung. Mein Roß schnaubte und wieherte und bäumte sich, mir zum erstenmal nicht zu gehorchen. Ich ließ ihm den Zügel schießen in seiner ungestümen Lust, und anstatt mich hinab zu tragen, flog es zur Höhe, die reinste Luft zu trinken. Es stand oben von selbst still, und schlug gewaltig mit den Hufen und wieherte immer lauter, und begrüßte immer neues Leben, das sich weit vor ihm ausbreitete.

Und all dies Leben, was war es gegen die allmächtige Kraft in meiner Brust? und ich allein sollte nicht dahin, wohin mich die Uebermacht drängte?

Da fühlte das Roß meine Herrschaft, und im Sturm mußte es wieder hinunter in das Thal, und mir nach hallte und rauschte alles Leben, bis ich an dem breiten, ruhigen Strome stand. Und alle Elemente sollten mein werden. Ich gab mein Roß ab, und warf mich in einen Nachen, den ein einziger Schifferknabe führte. Da durchdrang mich süß die Erinnerung, daß unter den blühenden Gärten, an welchen wir vorbeiglitten, einer an das Haus deiner Aeltern führte.

Das Drängen in mir, die gewaltige Lust ward nun die stillste Heiterkeit. Ich dachte mir, wie an der Hecke der Pfirsichblüten deine junge Phantasie sich aufrankte und den lichten Himmelsstral auf ihre schneeweiße und lebensrothe Blumen hinabrief, wie unter flammenden Wolkenbildern und dem innigen Pflanzenleben und Mädchenspielen sich dein Herz zur Liebe erzog, die Liebe selbst ward. Indem nahten wir dem Garten, welchen ich für den deiner Aeltern erkannte. Ich dankte den Bäumen, den blühenden Pfirsichhecken, daß sie die Seligkeit meines Lebens mitgebildet hätten; ich segnete die Erde, wo deine Kindheit gewandelt. Der Schifferknabe landete ungeheissen, als er die sehnsüchtigen Blicke bemerkte, womit ich an diesem Garten hing. Ich entzog mich sogleich seinen Augen und küßte die Erde, wie den Boden meiner Heimath.

Immer weiter zog mich ein geheimer Zauber; bestürzt höre ich im nahen Laubengange das Säuseln eines Gewandes; es schimmerte wie eines deiner wohlbekannten Kleider.

O Regina, seitdem ich dich umfangen, dich geküßt unter dem blauen, weiten, hellen Himmel, vermag ich sogar, die Wonne der Liebe zu tragen. Du gingst im Tempel deiner Kindheit, und die ewige Liebe brachte mich wider unsern Willen zu dir in das Heiligthum. Fürchte nicht, daß wir verrathen sind, zürne nicht! Rosenglühend und blaß standest du selig, als ich durch das Laub einbrach: ehe du mir ein zitterndes Wort sagen konntest, lagst du in meinen Armen, und erwiedertest meine glühenden Küsse unter den Akazienblumen, die auf uns niederschlugen, uns beschatteten, uns verbargen. Nachher kam erst deine Furcht, dein Zagen. O vertraue der Natur, dem Himmelsblau: sie sind treuer als die Wände, die Menschenhände erbaut haben, und so leichtsinnig der Blütenregen der Pfirsiche um uns herspielte, er verräth uns nimmer.

Bin ich nicht auf dein erstes bittendes, bangendes Wort wieder davon geflogen, in den Nachen, den die Liebe unsichtbar regiert hat? hab ich den letzten Kuß nicht wie einen flüchtigen Raub mitnehmen müssen?

Nun muß ich hier sitzen, ohne dich, am Abhange des Gestades, und kritzte mit Bleifeder diese Zeilen, unter dem Schattendach von drei großen Tannen. Mein Schifferknabe schlummert auf dem Schilf in seinem Nachen. Ungemein kindliche Ruhe und Lieblichkeit ist in seinen Zügen. Der Schlaf zeigt unverholen die Seele der Menschen in ihrem Gesicht. Zu diesem Jungen hab' ich ein blindes Vertrauen, als wäre er ein höheres Wesen, das diese Gestalt angenommen, unsre Liebe zu beschützen. Wahrlich, er soll dir dieses Blatt bringen.

6.

Du warst entschwunden im Gebüsch, und ich stand und hörte die Ruderschläge, die dich von mir entfernten. War es möglich, daß ich Furcht haben konnte? O du Geliebter, warum bist du gegangen? als ich die Ruder hörte, war meine Furcht schon verschwunden. Und ich stand trunken: hier warst du gewesen, hier hatte ich dich gesehen, unter diesem Himmel, in diesen Lauben. Ich riß die Bäume an mein zitterndes Herz, ich küßte die Blätter, die rauschten, Wonneschauer rauschten wie meine Brust. Hier hab' ich dich gesehen, dich umschlungen.

Sage mir, ob du lebst? Bist du nicht blos ein Gedanke meiner entzückten Seele, der in Augenblicken wirklich wird? Geliebter, meine Seele steigt in den Himmel; mit Liebeskraft mögt' ich dringen in die Erde, und alles an mein Herz drücken, und nichts würd' es erfüllen, als du. Ich mögte diese Blätter zerreissen, es sind Gedanken in mir, die Worte nicht ausdrücken;

ich mögte dir nimmer, nimmer wieder schreiben: ich hielt dich ja in meinem Arm.

Lange, glaube ich, bin ich allein gewesen, ich weiß nicht, wie lange; ich dachte dich, und hörte nichts als die dunklen Stimmen der Natur, über mir, um mich. Endlich kamen Schritte durch den Garten, es waren meine Aeltern und meine Geschwister. Der Tisch wurde bereitet in der Laube, wie in den Tagen meiner Kindheit, wir setzten uns, und nun erst war mir es heimathlich auf diesem wohlbekannten Fleck der Erde. Nun erst fühlt' ich Liebe zu den Meinen, und was es heißt, Vater, Mutter, Geschwister. Thränen waren mir nah, daß ich es so selig fühlte in dir, und ich dankte dir es mit stummen Gebeten.

Mein Vater war froh wie noch nie; den gewohnten Ernst und das Sinnen der Geschäfte legte er ab, und gab sich froh hin der Erinnerung an die Jahre, wo er noch wenig besessen hatte. Er lächelte genügvoll hinab auf die Zeit, da er den Garten gekauft, mit dem ersten Ueberschuß von seinem Erwerb, heimlich gegen das Wissen der Mutter, die es still gewünscht, und nicht gelitten haben würde, daß für sie etwas so außerordentliches geschähe. Als sie aus dem Wochenbett mit mir aufgestanden, hat er sie hieher geführt, und mit dem neuen Eigenthume überrascht. Und sie wurde jugendlich heiter, als würde sie zurück versetzt in den Frühling ihres Lebens.

Ich war seliger als alle, aber mir war still und heilig, alles Vergangene, jede Aeußerung ihrer Seelen war mir gegenwärtig und heilig.

Ich wünsche dir das Blatt zu schicken, daß du etwas haben mögest von meinem Leben, und weiß nicht wie. Da wird an meine Thür leise geklopft, ein Knabe tritt herein, und giebt mir scheu und voll Ernst deine Zeilen. Lieber! Lieber! hier hat deine Hand geruht, diese Buchstaben sind deine Seele. Der Knabe hat dich gesehen, er hat dich den Strom hinabgeführt, du hast seine Züge betrachtet! Wo bist du? fühlst du nicht meine Küsse, schmiegt sich die Luft nicht liebend an dich? Was mich umgiebt, mögte ich zu dir drängen, daß nichts mich umgäbe, alles von mir bei dir, dir wäre. Die Wände engen mich ein, ich will hinaus in Lebensluft und Lebensfreiheit dahinstürmender Gewalt. Ich kann nicht schließen, meine Seele sucht das Wort, das dir alles sagte: Eugen! Geliebter! dein!

Der Knabe geht mit leisen Schritten in meinem Zimmer umher, und betrachtet die Schildereien an den Wänden, zuweilen blickt er nach mir. O küß ihn, er war bei dir, seine Ruhe hat dich mit Vertrauen erfüllt, er wird dich sehen! küß' ihn!

7.

Kann denn dieser Tag mit seiner Seligkeit enden? An dem waldigten Hügel steht der Mond und will meine Seele: die Sterne schauen durch alle Wipfel, und begehren meine Gedanken: die Nacht mit ihrer geheimen Kraft drängt sich an mein Herz. Regina, dein süßer Name wird mir von Millionen Stimmen durch den Wald gesäuselt, gerauscht; und auf einmal sinkt mir der hellblaue Morgen in die Nacht, und der Garten deiner Aeltern blüht vor mir, du wandelst im Laubengange: ich komme, ich halte dich im Arm. O küsse meine Lippen, mein Herz! küsse es zur Ruhe, mit dem Zauber, womit du es so wild empört hast.

Verheisse mir, Regina, daß du unter dem Sternenhimmel mich umschlingen willst, wie heute in der blauen Morgenluft. Die Liebe hat ihr Recht an die ganze Natur, und jede schöne Umgebung, welche die Elemente ihr geben können, muß sie genießen. Jede Zeit soll uns ihre eigenthümlichen Reize geben. Auf dem Wasser will ich mit dir hingleiten und dich küssen unter Gemurmel der Wellen; auf diesen Bergen soll uns die Glut des Morgens und des Abends verklären, und wenn der Frühlingsdonner durch die Thäler wiederhallt, wenn Gewitterströme zu den Blitzen rauschen, wenn frischer Segen von allem Laub, auf alle Saaten niedertröpfelt, dann muß ich dich, wenn auch nur einmal, umschlungen halten. Alles ist in der Liebe, und die Liebe in Allem.

Wie öde ist mir, daß deine Gegenwart noch nie meinen Aufenthalt beseelte. Kann es hier so kräftig grünen und wachsen, wo du nie gewandelt hast? und was zog mich hier an, als ich vor zwei Jahren dies kleine Gut kaufte, und meine Heimath auf immer dagegen vertauschte? Du hattest diese Gegend nie besucht, ihr keine geheime Ahndungen eingeflößt.

Und doch, hing dein Blick nicht oft an der dunklen Wolke, wie diese Wälder der Ferne scheinen? O ich weiß, warum das Schicksal mich hier festhielt, warum ich glaubte, daß auf diesem kleinen Fleck der Erde die Bestimmung meines Lebens wurzle.

Ich kann mein Lager, den Schlummer nicht suchen. Es ist Mitternacht, und noch ist mein Fischerknabe nicht zurück. Der liebe Junge! Gern läuft er Meilen, um mir ein Glück zu geben, wovon er keine Ahndung hat. Offen und schlau sah er mich an, als ich ihm die Blätter an dich gab, als ich ihm beschrieb, wo er dich finden würde, unter welchen Umständen er sie abgeben sollte. Weil ich meine Beschreibung zu oft wiederholte, sagte er mit einem unmuthigen Erröthen: ich bin klug genug, wenn ich euch dienen kann.

8.

Sonne! geh nicht unter, kannst du die Erde verlassen, und die Stellen, wo er gewandelt, wo du das Glückseligste beschienest, das je deiner Stralen sich gefreut hat? Du gehst hinab zu fremden Welten: o geh! bringe dem besten Menschen dort, der ist, wie er, bringe ihm einen Morgen, wie der selige Morgen dieses Tages.

Sie ist nieder. Geliebter! dieser, dieser Tag ist dahin; aber seine Erinnerung ewig, wir sind ewig in seiner Erinnerung. Mir ist, als fühlt' ich erst nun, da ich dich unter dem blauen weiten Himmel in meinem Arm gehalten habe, wie ich dich liebe. Allerfüllung ist wie Licht in mir. Deine Küsse glühn auf meinen Lippen, dein Bild steht vor mir mit unveränderlichen Zügen der Liebe.

So steigende Wonne durch den Tag, wie diese Morgenwonne, Eugen! der Mensch ertrüg es nicht, er müßte zum Gott werden oder sterben. Ach ich ertrüg es: was ertrüg ich nicht, wenn deine Arme mich halten, deine Seele mich hält. Seliger! Geliebter! Ewig dein. Ich weiß ja nun, was ewig ist.

9.

Wie ein seliges Kind bin ich durch die Gänge geirrt, als du fort warest. Die Blätter über mir, aufgehaucht vom Winde, von Himmelsfeuer durchdrungen, wehten leise, und leiser von dir, bis sie verstummten in Mittagsschweigen und Glut, die ganze Seligkeit sich auf die Erde lagerte, und nur selten ein Lüftchen über den Strom kam, mit Düften der Felder, durch die du fuhrest, als brächt' es mir nun deinen, deinen Gruß. Eugen! wie oft bin ich durch diese Gänge geirrt, und wußte nichts von dir, von meiner Seligkeit, wußte nichts vom Leben, begnügsam in froher Beschränktheit. Und nun, wie hat sich mir es aufgethan. Freundschaft glaubt' ich, Wohlthun sei das Höchste, was es hätte, seine höchste Liebe, seine höchste Tugend. Und wie ich nun größer wurde: hier hab' ich im Grase geruht und in das Himmelblau gesehen, mit Ahnungsschauer, als säh ich die Gottheit, als senkte sie sich zu mir nieder, wenn das Blau meinem Auge immer näher erschien; und das schwimmende, quellende, wirbelnde Leben darin weckte mir Gefühle von Gestalten, von Lebenswerth und Inhalt, die mein Bewußtseyn damals noch nicht fassen konnte. Dann kamen ernstere Zeiten, Geschäfte der Wirklichkeit, frohe und trübe Stunden der Einsamkeit, und immer sind mir die Bilder von Baum und Feld und Himmel freundlich geblieben, immer ist der Wechsel der Naturzeiten mir merkwürdig gewesen mit seinen verschiedenen Erregungen, mit ihrem verschiedenen Geiste. Alle habe ich sie in Bildern um mich versammelt, wo ich ihn glücklich ausgedrückt fand. Wie wenig ahnete ich, daß diese

Bilder, meine stille Freude, uns zusammenbringen würden; daß alles, was mein Herz nicht verstand, der mir einst aufhellen würde, den sie zu mir führten. Nicht meinetwegen bist du gekommen, und ich danke dem Himmel dafür: in einer Herzensliebe waren wir von der Natur verbunden, ehe wir uns sahen.

Du warest in unsrem Hause, und ich wußte es nicht, plötzlich öffnete mein Bruder meine Thür, und sagte: „Hier hängt er, ich muß sie hier herein führen. Und hinter ihm stolz, bescheiden, zögernd tratest du ein, und standest vor mir; du lächeltest! dieses Lächeln Entschuldigung, und doch Herablassung, und alle Himmel in deinen Blicken, die mich schnell verließen, und auf den Baum von Dughet fielen. Du lobtest die Luft und die Ruhe der weitverbreiteten Aeste, und das Leben im Laube, durch welches die Luft zu zittern schien. Doch du tadeltest den Zug der Kinder mit den Werkzeugen der Passion, die sich der Mutter und dem Kinde nahen, welche darunter sitzen. Dort hängt er, der Baum, dort, dort hast du zuerst gestanden, und dann wandtest du dich zu dem Felsen von Salvator, der daneben hängt. Kühn, als ob ein Sturm mit Geisterkräften das oberste Stück hinaufgeworfen, dräut es in den Lüften herab auf die blutrothen Tannenstämme, um welche vom Regen gepeitscht schwarzes Gezweige hängt, wie Haar. Mein Bruder sagte dir indessen von meiner Vorliebe für Landschaften. Ich fühlte so lebendig, woher sie kam: weil bei Landschaften immer neue historische Scenen mir erscheinen, die in den Geist passen: und mußte es sagen. „Vom Gemüth des Menschen geht alles aus," erwiedertest du, „und sie würden eben diese Beschäftigung ihres Geistes bei historischen Gemählden finden, wenn nicht ein eigenthümlicher Sinn sie zu Landschaften neigte." Dann wurde der Thee gebracht, und du bliebest noch lange, und meine Seele hing an deinen Lippen. Und als du Abschied genommen hattest, stand ich immer wieder vor dem Salvator, den ich zuvor nicht so geliebt, als den Baum. Und wenn ich vor den Baum trat, sah ich nur dich dort stehen. Eh ich schlafen ging, trat ich an das Fenster, das nach deinen Bergen geht, und dachte: dort ist er. Meine Seele stellte dich neben mir bei jedem Gespräch. Du hattest mir versprochen, mich wieder zu besuchen, ich erwartete dich schon am nächsten Morgen, und als ich dich nicht gesehen hatte, wurde ich unaussprechlich traurig, aber um keine Freude der Welt hätte ich den süßen Schmerz vertauscht um dich. Der zweite Tag verging ohne Hoffnung, selig voll Erinnerung, und am Morgen des dritten! In jene Thür kamst du herein! Mein Leben liegt so eng um mich, alle diese Räume hast du gesegnet. Geliebter! Geliebter!

10.

Und die Nacht geht von hinnen mit Duftströmen und Nachtigallenklängen, und von allem Gesträuch, allen Pflanzen und allen Augen flattert der Schlummer auf, um mit ihr hinwegzukommen. Auf meinem Blicke hat er nicht geruht. Regina, deine schwarzen Buchstaben, die so ernsthaft da stehn, hegen ein Feuer, wie deine Küsse. Sie haben mich die Nacht hindurch im Mondenschein angesehn, daß ich die Augen nicht schließen konnte. Da fällt das erste Morgenroth auf sie, und ihr Geist steigt auf und hauchet Leben über die Schöpfung.

Und hellglühend steigt der Tag an den dunklen Laubwänden hinab in die Klüfte, und weckt auch dort Alles zu Klang und Licht. Aus den Tiefen drängt sich mir das Leben liebend entgegen.

So oft hab' ich in diese Morgenglorie hinausgestaunt, und so manche Mondnacht durchschwärmt in Sehnsucht und Lust; und doch war mir nimmer so, als jetzt. Ehmals gab mir die Natur von ihrem Reichthum; bei ihr fand ich Trost, Erfüllung; sie klärte mir viel auf, das in dunklen Räthseln in meinem Gemüth lag. Nun ist es ganz anders. Die Natur ist mir heilig und liebevoll; aber ich wollte behaupten, sie empfange von mir, die blühende Freude meiner Seele habe ihr den schönen, üppigen Frühling gebracht. Meine Bilder sind es, die so farbig um Wolken und Blütenbäume spielen; deine süße Gestalt, Regina, deine weiche Stimme, die mir angehören, bewegen sich, tönen in allen Erscheinungen und Klängen der lieblichen Jahrszeit. Ich vermag nichts, als zu fühlen, daß du da bist, und die Natur muß es mir nachempfinden.

Und was war es denn, was ich in Natur und Kunst und Wissenschaft mein Leben lang gesucht habe? was anders, als Wahrheit und Unschuld bei reichem Leben? Ich fand sie nirgends in der Menschenbrust, und suchte nach ihnen mit glühendem Durste.

Dein erster Blick war mir ein Labsal, und je öfter ich dich sah, je tiefer wurzelte in mir die Ueberzeugung von Wahrheit in dir; und wenn ich bewundernd stand vor dem Reichthum deiner Natur, gefesselt zugleich durch ihre Einfalt, dann sagte ich mir freudig: über diese freigeschwungne Lippen kann keine Lüge kommen, und kein Fleck in diese Seele. Was in der Schöpfung könnte das Heiligste verführen, sich selbst untreu zu werden?

Daran dachte ich, als ich dir gegenüber saß unter den fremden Gesichtern im Saal deines Vaters. In den Zügen, den Stimmen, in Gang und Bewegung aller der andern Frauen entdeckte ich was, das es mir unmöglich machen würde, mich ihnen je mit Vertrauen hinzugeben. Dann begegnete dein klarer, kindlicher Blick meiner Seele, und sie schauerte überselig zusammen, daß sie sich gegen diese Wahrheit und Unschuld ausgetauscht hatte.

Ach wie das Morgenlicht rein und gediegen um mich schwillt, und alle Wipfel aufstreben in die lichte Reinheit, die um alle ihre Zweige, durch all ihr Laub strömet. Keiner aber spricht mit ihr so traut, so liebeflehend, als die Birke zwischen den hochaufgeschossenen Tannen. Immer hat sie mich wunderbar angezogen mit ihren lieblichen Biegungen, ihrem ewigen Spiel in der Himmelsbläue. Ich verstand es nicht ganz, wie ihr war, was sie wünschte. Durch dich habe ich es begriffen. Immerfort bespricht sich dein seelenvolles Leben mit Licht und Reinheit; jeder Gedanke, jede Empfindung ist dir ein Kosen mit Himmelsluft und Wahrheit, ist dir heitre Liebe. Wenn die Mannesbrust rein ist, so wird ihr Wahrheit ernstes, stolzes Bedürfniß. Ich würde lieber mein Herz herausreissen, als mich irgend verleugnen; doch die Reinheit in jedem Augenblicke seelenvoll lieben, wie du, liebliche Regina, das ist mir nicht geworden. Aber dein himmlisches Spiel betrachte ich mit Schauer der Entzückung.

II.

O du Geliebter! die Sonne blickt allsehend in die Fluten, und fröhlich kräuselnd wallt ihr Leben in ihrem Blick. So bist du meiner Seele, alldurchdrungen von dir sind alle meine Gedanken, alle dein, und mein seligstes Leben ist, daß du sie alle kennst und liebst. Hier im Garten, einsam am weiten Wasser, fühl' ich überschwengliches Wonnedrängen nach dir: ich mögte mein Leben vor dir ausbreiten, daß du jeden Augenblick kenntest, dann hätte ich jeden mit dir gelebt; meine Erinnerung ist erfüllt von dir, wie meine Gegenwart und meine Zukunft, ich habe kein Leben außer dir. Eugen! Eugen! du meine Freude an der Natur, du mein heiligster Gedanke.

Hier erwarte ich deinen Boten: in einer Stunde kommt er, dein Leben haucht mich an von deinem Blatte, deine Gedanken enthüllen sich mir. Himmlischer Lauf der Tage! die nächsten bringen mich zu dir! Ich begreife nicht, wie ich seyn kann ohne dich; wie fremde Menschen mit mir sprechen können: es giebt Blumen, die sterben, wenn die Nacht kommt, und erst am Morgen wieder erwachen, solch ein Leben mögt' ich haben, und ich habe es ja, habe ein schöneres: bist du nicht immer um mich? Oft küß' ich die Luft, und denke, deine Gedanken berühren mich, die um mich weilen. Mein Leben ist reich wie eine Ewigkeit.

Dort kommt er den Hügel herab, dort über das Feld. Ich wollte erst ruhig sitzen bleiben, und ihn erwarten, aber er hat dich gesehen, du kennst ihn, er bringt mir deine Zeilen, ich will ihm mein Entzücken nicht verhehlen.

Eugen! welch ein Glück, daß keine Frau dich fesselte, eh ich dich fand! Gott, wenn du nicht mein seyn könntest, ich hätte dich so gefunden; was wäre aus mir geworden; die feuchte Tiefe hätte mein Grab werden müssen. Nein! nein! die dich gefesselt hätte, wäre gewiß eine gute, schöne Seele gewesen, dein Glück wäre das meine geworden.

Alle Reinheit, alle Wahrheit ist mir aus dem Himmel entgegen gequollen, ich brauchte sie nicht zu suchen unter den Menschen, aber in dir umfängt sie mich selig. Ich bete zu ihr hinauf, ich drücke sie mit Liebe an meine Brust, ich kose mit ihr, in säuselnden Spielen voll Entzücken, in dir! in dir! Leb wohl! Leb wohl! Morgen bin ich im Theater. Laß, o laß mich dich dort sehen.

12.

Ich will dich nie wieder im Theater sehen, Lieber! Lieber! Meine Seele ist matt von Schmerz und Seligkeit. Warum kamest du so spät? Es kommt kein Zweifel in mein Gemüth, aber mir wird überschwenglich traurig, wenn fremdes Leben dich zurückhält, daß du nicht zu mir eilen kannst. Hat es denn noch ein Recht an dich? Wie ich saß und wartete, das gleichgültige Gewühl im Parterre, in das ich immer hinabsehen mußte nach dir, die Bretterwelt, die Lampen, die papiernen Bäume und das auswendiggelernte Gefühl; es wurde mir unerträglicher, je länger du ausbliebest. Ich hatte mich auf den Abend gefreut, mit Herzklopfen war ich in das Theater gefahren, und nun war alles so öde. Der erste Akt endete, ich wollte mich zurückziehn in die Loge, meine Augen schließen und sehen nichts mehr, da die Hoffnung dahin war, daß du kommen würdest. So eben stand ich auf, da kehrte die letzte Hoffnung zurück, und ich sah noch einmal hinab, und in dem Augenblicke ging die Thür mir gegenüber auf, und du tratest herein. Du legtest dein Glas an die Augen, aber immer suchtest du mich irre; zu einer Loge wandtest du es wiederholt empor, und ließest es lange ruhn; ich war ja nicht dort, eine Fremde nahm die Blicke, die mir, mir gehörten! Die Täuschung that mir weh, für dich und mich. Nach mir strebte deine Seele von mir weg, und endlich, als du mich gefunden hattest, Geliebter, welche Wonne, wie hab' ich die Blumen an meiner Brust geküßt! hast du es gesehen? dein, dein waren diese Küsse! Und deine Blicke, welche Wonne! Aber dann kamen Fremde, die mit dir sprachen, du standest unter dem gemeinen Treiben, und mir wurde so wehmüthig bei aller Wonne. Du lehntest dich an ein Gitter, o thu es nicht wieder! nur an mich sollst du dich lehnen, es war mir gar zu weh, wie du so gleichgültig angelehnt standest, diese Arme darauf gestützt, die mich umschlingen, wenn meine Seele himmlisch glüht von dir. Sonst, wenn ich dich sehe, stehst du rein und einzig vor meiner Seele, und hier drängte sich alles niedrige unaufhörlich keck daneben, und erinnerte mich an eine Welt außer dir. Du bist mir nie so fremd gewesen; mir wurde immer dunkler, je später es ward, ich wünschte kaum dich zu treffen im Herausgehn, meine Seele war heimathlos. Und endlich als das Stück vorüber war, die Menge sich verlor, beinahe nur wir und du in dem leeren

Hause noch blieben, da sahest du mich wieder an, da fühlt' ich dich wieder; mein ganzes Wesen strebte voll Zärtlichkeit hinab zu dir. Und dann, wie auf dem Flur du plötzlich aus einem der Gänge tratest, deine Hand mich berührte, und ich dir nur einen Druck geben durfte, nur einen Blick! Dann eiltest du fort, warfest dich in den Wagen, meinen Augen entschwunden, bis der unsre dich einholte, und ich dich noch einmal im Vorüberfahren sah. Alles stürmte in meiner Seele durcheinander. Auf den Sturm hätte ich mich schwingen mögen, dir nacheilen; mit geschwungenem Tyrsus in wütendem Entzücken alles zertrümmern, daß nichts bliebe auf der Welt, als du und ich. O laß die Welt versinken! halte mich in deinem Arm und trage mich in ewig gleichem Entzücken ruhig schwebend durch den weiten leeren Raum! Eugen!

13.

Ich schreibe dir unter Thränen: kaum habe ich den Muth, dir zu schreiben, Eugen! mein unaussprechlich Geliebter! Nach dem Abend im Schauspiel war es mir dringendes Bedürfniß, dich wiederzusehn, still und allein. Ich konnte den alten Frieden nicht wiederfinden: an deiner Brust, in seligem Erguß der Gefühle, mußt' ich die Spannung meiner Seele lösen. Wie habe ich diesen Abend ersehnt, und nun — Hier sitz' ich allein; Eugen liebst du mich? hast du mich geliebt? O du bist mir so fern wie nie, du warest mir nicht so fern, da ich dich noch nicht kannte: meine Seele ist bei dir, und wo weilst du? Ich will dich denken und kann nicht, ich will dein Bild halten, und es entschwindet mir, ich halte nur den wühlenden Schmerz. Sonst wenn ich dich unvermuthet traf, dein Anblick, dein Name von fremden Lippen gesprochen, mich überraschte, oft habe ich dann dem Himmel mit Freudethränen gedankt. Es war mir, als ob ein guter Geist in den blauen Lüften Freude an unsrer Liebe habe. Jetzt drückt mich Ahnung, als ob ein böser zwischen uns stände, uns trennte. Wir müssen nicht unter den Menschen leben.

Ich hatte mir es so selig gedacht, einen Wink wollte ich dir auf der Promenade geben, daß du zu mir kämest in den stillen Abendstunden. Mein Herz schlug, als ich deinen Wagen vor den Barrieren haltend erblickte. Ich schwang mich aus dem meinen, meine Blicke strebten nach dir; endlich sah ich dich vor uns, ganz in der Ferne gingest du langsam, mein Herz flog, es war, als ob ein feindseliges Wesen dich von mir triebe, und immer mehr Menschen zwischen uns. Ich konnte die Eile meiner Schritte nicht mäßigen, beinah hatten wir dich erreicht, mein Athem stockte vor Wonne und Erwartung; da begegneten wir Bekannten. Sie hielten uns auf, und sprachen; du gingest immer weiter, du wandtest wol das Haupt, doch nicht zu mir. Du warest mir wieder so fremd unter den Menschen, so fremd, und doch, wie unaussprechlich theuer.

Mich erhielt die Hoffnung, im Herabgehen würde ich dir begegnen, meine Augen drangen durch das Gewühl, meine Seele umschwebte dich; da rasselt dein Wagen rasch an mir vorbei, dem Ende der Allee zu. Ich schrack zusammen; dort hinunter liegt die Straße nach deinem Gute, ich folgte ihm mit den Augen, bis in Staub verhüllt er entschwand. Immer noch hoffte ich, wenn ein Wagen herabkam, er sei es wieder: ach er war es nie. Und als ich nun wieder vor dem Thore stand, das ich, Gott wie selig, verlassen hatte, alle Hoffnung des schönen Abends versunken, die da in mir geglüht! O Eugen! vernichtet würde ich seyn, könntest du mich je weniger lieben, könnte ich dich je weniger lieben. Meine Liebe hat alles hingenommen, Kraft und Gefühl. Ich mußte dein Bild in meine Seele rufen, ich mußte deine Worte hören, ich mußte allein seyn. Ich flog auf das Zimmer, das ich in der Aeltern Hause bewohnt habe, ich riß deinen Brief von meinem Herzen, wo ich ihn immer trage. Hier hatte ich ihn zuerst empfangen und gelesen, aber die Wonne, womit er mich damals überströmte, war todt in meiner Brust. Da fühlt' ich dich noch, deine Hand auf meinem Herzen, deine Lippen auf meinen Lippen glühn; jeder Lufthauch durch die Blätter unter dem Fenster, woran ich stand, säuselte mir deinen Namen, jede Blüte, die im Uebermaaß der Wonne von den Aprikosenbäumen taumelte; und meine Seele taumelte in einen Strom von Entzücken, wie selige Blüten. Ach Eugen! was ist ewig, wenn es nicht die Liebe ist, unsre Liebe; und ist auch darin Wechsel? Ich kann dich nicht erreichen, dein Gedanke will sich nicht lebenswarm an meine Seele schmiegen! Kennte ich nur die Gegenstände die dich umgeben, dein Zimmer; du wärest mir nicht so fern. O komm zu mir, gieb mir einen Blick, einen Blick der Liebe, gieb mir mein Leben zurück; es kommt kein Zweifel in meinen Athem, aber ich werde schuldig an dir; ich bin nicht dein, mit jeder Kraft der Wonne, daß du bist.

14.

Sind Thränen die Verkünder flammender Wonne? Ich schwelge in deinen Thränen, deinen Küssen, den Flammen deiner Liebe in dem nassen Auge; ich presse dich an meine Brust, und berausche mich wieder in deinen Seufzern. O es giebt Züge der Wollust, in welchen die Seele bis zum äußersten Rande der Vernichtung gezogen wird.

Ich könnte ihr wohlwollen, dieser matten Umgebung, die sich zwischen uns drängte, die mich dir fremd machte, daß dir öde und traurig wurde, die uns die überseligen Abendstunden bereitet hat.

Begreifst du diese Stunden? weißt du von ihnen? Wahrlich nicht, denn du hast dich nicht gesehn, als ich in der letzten Rosenglut des Abends unbemerkt in dein dämmerndes Zimmer kam; wie du das blühende Haupt sinnend auf dem schlanken Arm hieltest, und Thränen über deine Wangen rollten, und Seufzer säuselten, und lilienweiß duftend, dein Busen durch die Trauer schöner wurde. Vergieb, ich ward nicht bestürzt über deine Schmerzen. Keine andre konnten so schön seyn, als die süßen Schmerzen der Liebe. Mir flossen deine Thränen, und lockten die Liebe, die Wollust aus ihren geheimsten Tiefen. Ich berührte dein weit hinwallendes Gewand, um nur etwas von dir zu fassen, und hielt dich umarmt, ehe du mich gesehn hattest, und ein langer heißer Kuß war das Wort der Begrüßung. Immer glühender begrüßten wir uns immer von neuem, und alle die Küsse, die ich im Schauspielhause über die öde Masse hinweg dir mit bebenden Lippen nicht senden konnte, strömten herab auf deinen Mund, wo alles Heil in sie aufquoll.

Deine Thränen waren versiegt, ehe ich gefragt hatte, warum sie flossen, und du begonnst zärtliche Vorwürfe, die ein neuer Quell der Liebe, der Wollust wurden. Dein Myrtenbaum, die Volkameria, die Tuberose sprachen mit in deine süße Klage, und die Luft legte sich um mein

Herz mit übergewaltigen, warmen Düften. Als du, noch immer klagend, mich auf dein schwellendes Sofa zu dir zogest, schlugen Flammen um mich auf, und mein Leben wäre im Feuer entflohn, wenn ich nicht das Gesicht in die kalten Lilien deiner Brust hätte drücken dürfen.

Arme Regina, könntest du dies Glück nur einmal empfinden. Dort in den Lilien wohnen Glut und Kälte, Trunkenheit und Besonnenheit. Es ist, als wären die Elemente dort nimmer getrennt worden. Aus der lebenquellenden Gegenwart windet sich dort die Zukunft, durchzuckt mich die Vergangenheit. Ich küßte deinen Busen mit brennenden, liebeathmenden Lippen, und dachte, daß ich dein seliger Geliebter sei: mit Vertrauen lag ich dort, wie einst als Kind an der Mutterbrust, und plötzlich traten Bilder vor mich, wie da Kinder deine schöne Seele mit der ersten Nahrung saugen würden.

Ah, und wessen Kinder? Liebe und Natur, ihr sollt keinen Hochverrath gegen mich begehn. Hier ist mein blühendes Eigenthum, hier darf nichts sprossen, was nicht mein ist. Den Säugling an diesem Busen, der mich nicht Vater lallte, würde ich fortreissen und mit mir im Abgrunde begraben, und die treulose Geliebte, die verzweiflungsvolle Mutter, sollte uns nicht nachstürzen. Leben sollte sie, von allen Denkmalen unsrer Liebe gepeinigt. Der Myrtenbaum, die Volkameria, die Tuberose sollten zu giftigen Gestalten werden, die sie verfolgten.

¡Welcher Wahnsinn! Nein, Geliebte, solche verhaßte Gefühle blieben fern von mir; aber die Flammen umloderten mich immer wilder auf deinem Sofa. Ich mußte knien und mein Gesicht in deinen Schooß legen. Da ward ich ruhiger, denn selige Ahndungen kamen über mich, und ein heiliger Schauer beschwichtigte die Wildheit.

Warum lieg' ich nicht noch da? und fühle noch deinen Arm in meinem Nacken, deinen Athem in meinen Haaren? So stelle ich mir das Gefühl des Todes vor, wenn er uns das Gesicht verhüllt und in Geheimnissen schwelgen läßt, in welchen das höchste Leben wohnt, und uns süß auflöset, damit wir zur Wonne der Wonnen bereitet werden.

O warum bin ich in deinem Schooße nicht gestorben? warum schrecktest du mich auf, als die unglückliche Uhr ertönte? warum bin ich hier nun einsam unter meinen Bäumen, unter den Nachtigallen? Sie klagen mit mir von zu grosser Seligkeit, sie schmettern von Liebesglut, sie berühren in langen, leisen Tönen wundervolle Geheimnisse, in welchen sich Tod und Leben umarmen, damit die Unsterblichkeit hervorgehe.

Eine Ewigkeit bin ich schon wieder von dir getrennt, und senke mich tiefer in die Nacht, wie in ein Chaos. Bisweilen fliege ich zum Lampenschein und schreibe dir mit zitternden Händen diese Zeilen. Aber die Nachtigall läßt mir keine Ruhe. Hörst du sie auch, und weiß sie es, und singt darum so liebeflammend? und der Stern, der hellste, herrlichste, welcher mir das Licht meiner Lampe verleidet, will er nicht, daß ich dir schreibe? warum wirft er nicht seine

Stralen herab, daß ich mit ihnen meine Gedanken, meine Liebe schildre, in leuchtenden Schriftzügen, die ihrer werth sind, wodurch sie begreiflich werden? Du hast ihn ja zum Stern unsrer Liebe geweiht.

Ah, die Nachtigall mit ihren ewigen Zügen von dir! der Stern mit seiner stralenden Rede von dir! du hörst, du siehst sie; vernimm auch mich, und sinke in meine Arme.

Ich gehe von Stuhl zu Stuhl, ruhe auf diesem Polster, auf jenem, ich küsse mein Sofa; denn du willst hieher kommen, hier ruhen, und meine ganze Umgebung soll dich schauen, dich fühlen. Die Bäume, die Blumen wissen es schon, daß du kommen willst, und sagen es sich einander wieder, ich höre es, durch den ganzen Wald sagen sie es; aber ihre Sprache kennen nur die Geweihten, und vor denen haben wir kein Geheimniß.

O die Nachtigall! der Stern! der Wald! Alles beengt mich: ich habe keine Ruhe, Flammen bedrängen mich auf jedem Schritte! Fort in deinen heiligen Schooß: nur da ist Raum, ist Friede. Gieb mir den süßen Tod, Regina; gieb mir das unsterbliche Leben.

15.

Mir war so matt und öde, als seist du für mich verloren, ich konnte nicht an dich denken ohne Thränen, kalte Schauer schlichen mir durch die Adern, als wollten sie mir heimlich das Leben erdrücken, ich hatte nicht Kraft, die Augen aufzuschlagen, zum weiten Himmel. O Eugen, da war ich plötzlich von dir umschlungen, da lagst du mir an der Brust, die du ganz erfüllst. Gott, erst da hab' ich gefühlt, wie ich dich liebe. Ich mußte unendlich weinen, in Thränen hätte ich mein Leben vor dir hinströmen mögen; ich wußte nichts, ich hielt dich umschlungen, mein, mein Geliebter, ich hauchte mein Leben aus in deinen Küssen.

Meine Seele zittert wie das Laub nach einem Gewitter. Wo bist du! können wir noch getrennt seyn nach dieser Stunde? So standest du! hier, wo noch Puder auf meinem Sofa ist, hier hat dein Haupt geruht, die Stellen erwiedern meine glühenden Küsse. Es treibt mich umher im Zimmer, ich kann die Ruhe nicht suchen, dort steht mein Stern, ich kann nicht von ihm scheiden, er sieht ja dich! ich kann nicht scheiden von den Stellen, wo dein Haupt geruht hat, es ist, als haftete daran von deinem Wesen. Und, du, wo bist du jetzt? fühlst du nicht meinen Arm um deinen Nacken, fühlst du nicht mein klopfendes Herz? O der Stern sieht dich, wie du auf deinem Lager ruhst, und dich holde Träume umsäuseln. Wäre ich doch dort! ich träte leise in dein Zimmer, zwei blühende Rosen brächte ich dir, und legte sie auf deine Brust, daß ihr Duft deinen Schlumer erquickte, dich am Morgen begrüßte, und mit dem Bilde deiner Ruh schlich ich leise hinweg, und schlummerte hinüber in selige Träume von dir.

Nun geht der Stern hinunter, meine letzten Blicke begleiten seine versinkenden Stralen, alles ist dunkel, Ahnung umschwirrt mich wie schweres Athmen, ich blicke hinaus in die Nacht, und in der Nacht stehst du vor mir, in Klarheit der Liebe dein Bild.

16.

O Eugen, was hast du aus mir gemacht? Ich trete wieder in das Zimmer, und die Erinnerung überkömmt mich wie ein Strom mit immer neuen Bildern, und jedes hinaufsteigend an der Seele, raubt den Athem der Brust. Du stehst vor mir, du umschlingst mich, mein Inneres glüht: ein Dolchstoß in das volle heisse Herz wäre Wohlthat, ich stürbe nicht, verlör' ich auch all' mein Blut, das Feuer der Liebe bliebe in meinem Wesen. Die Mattigkeit ist verzehrt von deinen Küssen, es wühlt auf und ab durch meine Natur mit reissender Gewalt, es quillt mir aus dem Herzen auf die Lippen, und stirbt im Hauche deines Namens. Der Morgen hat kein Licht, mein Schlummer der Frühe hatte keine Frische, ich empfinde keinen Wechsel der Tageszeit, mit weiten Blicken habe ich hinaus gesehen, in dem Dunkel der Nacht, dann begrub mich tief und kurz der Schlaf; und nun bin ich erwacht, und was mich umgiebt, bist du. Bald wird dein Bote erscheinen, er wird mir deinen Brief bringen, eine neue Welt von Gedanken und Gefühlen in dir wird er mir bringen. Ich habe keine Erwartung, als diese, der Tag ist todt nach dem, und ich lebe bei dir. Meine Seele, mein Glück!

Ich sehe dich! die weißlichten Blüten der Akazien vor deinem Hause spielen zu dir hinein, ihre Schatten fliegen und schwinden vorüber an deinen Wänden, du stehst und denkst an mich, und schaust hinaus in deine Landschaft; die hohen Rosenstöcke auf deiner Terrasse kosen und wehen mit den glühenden Malven, in unsichtbarer Höhe schweifen entzückte Lerchenlaute herab über das tiefere Thal, und das Dörfchen in den Bäumen versteckt, und die Saatfelder, über die der Wind den wogenden Glanz jagt. Dein Auge ruht auf dem dunklen Felsen, der aus dem Strome empor dräut, und folgt gedankenvoll dem schlängelnden Laufe am fernen Horizont. Und mein Bild erscheint dir überall, Gedanken der Liebe fliegen dir entgegen, Bilder der Seligkeit, als ob wir wandelten durch jene Fluren. Da treibt es dich zu mir, Natur und ihr Entzücken reißt dich zurück an meine Brust, du schreibst mir selige Zeilen, du küssest die Blätter, die ich sehen werde. Du schellst, dein Knabe erscheint, er sieht dich, er hört dich. Eugen! darf denn ein andrer von meiner Seligkeit theilen, und dir Dienste thun!

O Gott, oft ist mir, als könnte ich dich so, so überschwenglich nur eine kurze Zeit, einen Augenblick lieben, und immer, in jedem Lebensaugenblick liebe ich dich so: unergründliche Höhe und Tiefe der Menschenbrust! Ja, ich muß zu dir, ich muß die Gegend sehen, die dir mein Bild giebt, und ihr danken.

17.

Fülle der Kraft, und der Freude daran, hattest du mir gegeben, reiches Leben, Entzücken über dich und die Liebe. O warum mußtest du es zerstören? welchen schrecklichen Gedanken wirfst du mir in die Seele! Könnt ich leben ohne dich! Mutterliebe, alle Liebe, alle Gaben der Natur sind ja bei dir. Wie kannst du das schrecklichste denken? meine Seele kann es nicht; über dich hinaus habe ich kein Leben. Dein bin ich: kann ich eines andren seyn? dir hat mich die Natur gegeben, dir wird sie mich erhalten: ich vertraue ihr, denn sie ist ewig, und zerstört nicht ihr Werk.

18.

Mein übervolles Herz, meine glühenden Sinne müssen den Schlaf noch mehr scheuen, als das Wachen. Er stellt mir deine Augen, deine Lippen, deine Brust vor die Seele, immerdar, unbeweglich; wilde Funken fliegen aus dir, und legen sich auf meine Augenlieder. Da regen sich deine weißen Arme. Ich sehe Schwanenflügel und höre Schwanengesang, und werde sterbend auf Wellen fortgetragen; und wiederum regen sich deine weißen Arme. Da reiß' ich alle deine Glieder an mich, und erwache von der heftigen Bewegung, und mit einem lauten Schrei stürzt alle Wonne von mir hinweg. Noch höre ich diesen Schrei; er spaltet tief unten die Felsen, und fährt zu den Abgründen mit dem Raube meiner Seligkeit.

Verrätherisch hat mich der Schlaf in den Frühstunden bezwungen, und siedendes Feuer in meinen Adern zurückgelassen. Ich ziehe mit langem Athem die frische Morgenluft ein, und fühle mich nicht erquickt. Auf die breiten steinernen Stufen, die zu meinem Hause hinaufführen, habe ich mir das Frühstück bringen lassen, und kühl ballen sich an den Bergen die Nebel gegen die nicht siegreiche Sonne. Alle meine Nerven hat solcher Nebel umzogen; aber er siedet, und die Stufen wollen mich nicht kühlen, und die Schwäne, vor meiner Thür in Stein gehauen, beleben sich, und ihre Flügel bewegen sich, wie deine weißen Arme.

Regina! Geliebte, sanftes, holdseliges Weib! verfolge mich nicht so mit deiner Gestalt. Ueberlaß mich, meiner Ruhe, meines Daseyns wegen, nur auf Augenblicke dem großen Römer, der vor mir aufgeschlagen liegt. Dann wird er mich festhalten, mir Manneskraft gegen die Leidenschaft geben. In ihm ist so viel bittrer Haß und Verachtung: er wird die überschäumende Liebe beschwören. Ich will mir mit Gewalt zurückrufen, was ich bei ihm empfand, ich will mit dem menschenvollen Ufer seufzen, wenn Agrippina mit der Aschenurne ihres Germanikus bei Brundisium landet, ich will die Weiber bewundern, die dem verbannten Gemahl ins Elend folgen, und Herrmanns Thusnelda soll . . . da blättere ich, da lese ich hin und her, und immer bist du da! alle Züge der Größe und Liebe reden von dir. Die Lettern bewegen sich bezaubert durch einander, und deine Gestalt ist auf dem Papier, wie allenthalben.

O laß meine Natur nicht so ganz in dir versiegen, laß die Wonne nicht zur unerträglichen Qual werden. Oder bleib' ewig bei mir mit den schmelzenden Augen, der seelenvollen Rede. Die Begier nach deiner Schönheit ist dann ruhiger, und dein Geist träufelt auf mich mit himmlischer Reinheit. Laß uns wieder still einander gegenüber sitzen, wie ehmals, und mit klarer Besonnenheit das Gute und Schöne ergründen. O, der erste Kuß hat unser Daseyn verschlungen, und hat uns übermächtig gemacht. Dem schwachen Sterblichen ist es nicht gegönnt, daß er die ganze Schöpfung ergreife, und in sein Herz drücke. Enge ist seine Brust, und wird zersprengt von dem schaffenden Leben der ewigen Götter. Gehorsam sollen wir empfangen, was die Natur uns zutheilt von ihrem ewigen Leben. Das Feuer, wodurch sie von den Unsterblichen erschaffen wurde, wird zerstörend im Menschen, und du hast es mir eingehaucht, holdselige Regina! unglückliches Weib! Als dich neulich bangte bei seiner Flamme, da hast du deine schneeweiße Brust in Rosenblättern gebadet: und hat die Natur geheime heilende, löschende Kräfte dagegen?

Lindernde sind in deiner Gegenwart, wohlthätige, süße Kräfte; aber hinweg mit den vertilgenden, löschenden. Lieber will ich in der Qual vergehn, als eine einzige Eigenheit unsrer Liebe verlieren. Auch fühle ich schon, die Nebel verziehn sich an den Bergen, und der blaue Himmel will auch meiner Seele wohlthun. Wäre er immer lächelnd da: so ertrüge ich leichter in deiner Abwesenheit die Qualen der Liebe.

Die Sonne ist durch alle Dünste gebrochen, und steht hoch am Tage. Mit ihrer ganzen

Pracht liegt sie auf der hellgrünen Spitze voll Saaten, über welche unser Schifferknabe kommt, wenn er hinter den Bergen gelandet ist, und einen Brief von dir bringt. Er winkt dann oben damit, und ich eile ihm entgegen. Er läuft gewaltig, um mehr als die Hälfte der Entfernung zu gewinnen, ehe ich bei ihm bin. Indem ich lese, hängt er athemlos beide Hände über meinen Arm, und sieht freudig das Entzücken in meinem Gesicht. Der ganze liebe Junge ist das Echo unsrer Liebe. Leichte Lieder, leichte Melodien, die ich sehnsuchtsvoll und jubelnd über dich, für dich der grünen Einsamkeit sang, hat er auswendig gelernt. Neulich an einem Abend hörte ich einen der Sänge und erschrack. Ich ging dem Tone nach, und er zog mich bis ans Ufer des Stromes. Da sah ich den lieben Jungen in seinem Nachen, den er mit lauter Wasserblumen ausgeschmückt hatte, und er saß dazwischen und sang mit rascher, heller Stimme meine Sehnsucht. Ich stimmte ein mit der langsamen schmachtenden Weise, die er so leichtsinnig behandelte. Ohne einzuhalten oder sich umzusehn, mäßigte er seinen Ton, und spielte nun mit seiner freudigen Stimme über die sehnsüchtige Art, wie ein bunter Schmetterling über einen dunklen schmelzenden Thalgrund. Als die Melodie geendigt war, rief er mir guten Abend, und sprang ans Ufer wie ein braunes schlankes Reh, und seine schwarzen Augen schossen einen freudigen Stral auf mich, indem er meine Hand ergriff. Ich drückte ihn an mich, und sagte: lieber Albert! worauf ihm die Augen naß wurden.

Bald wird er kommen über die hellgrüne Spitze, der Bote der Liebe, wie vom blauen Himmel herabgesenkt, und mit heitrer Erwartung seh ich ihm entgegen. Die Akazienblumen schlagen zu mir herunter, die Springquelle neckt mich mit meiner nächtigen Glut, die Rosen, die Malven, die Nelken, alle wollen mich mit muntern Farben an dich erinnern.

Und mein Auge folgt ruhig den schwellenden Segeln, welche durch die Oeffnungen der Hügel mir bisweilen sagen, daß sie zu dem Garten deiner Aeltern, deiner Kindheit, unsrer Liebe hinabgleiten. Dann trägt sie der Strom immer weiter, zulezt ins Meer, und sie begrüßen wol das goldene Morgenland, wo die Blumen zu allen Menschen sprechen und sich mit Urfarben schmükken; wo die Perlen sich der harten Muschel entladen, um wie himmlische Thautropfen am schlanken Halse, im dunklen Haar der Jungfrau zu stralen; wo zu ihrem Gürtel sich der feurige Purpur geheimnißvoll bereitet. Bringt, ihr Schiffe, bringt aus allen Zonen das Schönste, um meine Geliebte zu schmücken.

Und giebt es etwas schöneres, als ihr waldgrüner Gürtel und ihr weißes Kleid, als die Kastanienblüte in ihrem Haar, als ihr rauschendes Gewand von veilchenblauer Seide?

Eines hat sie, das hat der Handel aus dem Morgenlande gebracht: eine Purpurdecke soll es seyn, über die feine blendende Leinwand ihres Lagers gebreitet. Dahin möchte ich reisen, und wäre es weiter, als alle Fahrten, welche diese Schiffe bestehn; dahin! dahin! Sie schlummert so sanft und träumt von mir. Die röthere Wange drückt den schützenden Arm: ihr Busen hat sich ganz entblößt aus liebender Sehnsucht nach mir. Die Purpurdecke verhüllt die lieblichen Geheimnisse der schönsten Natur: rund schwellen unter ihr empor die üppigen Schenkel, deren volles Leben ich nicht schaute. Wohlbekannte Blumen duften in einiger Entfernung: nichts ist mir fremd und unsrer Liebe: ich fasse die Purpurdecke ...

Und Flammen reissen wieder mein Seyn hin, und schlagen von den Stufen auf mit der nächtigen Glut. Fort, die Berge hinan: zum Strom, zu Klüften: in weite Ferne, wo Raum ist für dies verzehrende Feuer.

19.

Seit deinem letzten Briefe verlangt mich unaufhörlich nach dir. O eile herüber, halte mich an deiner Brust, sage: meine, meine Regina! Alles andre Leben bewegt sich wie Schatten um mich, aber ich erschrecke davor, ich kann nicht leiden, daß es, wenn auch nur die gleichgültigsten, Rechte an mich habe. Klage nicht, du Theurer, daß ich dein Leben hinnehme, ich habe dir ein schöneres dafür gegeben. Du hast meines ganz, aber in dir hab' ich es so viel seliger, durch dich eine Heimath in der Natur: wonach sollt' ich umherschauen, wenn ich dich nicht hätte, wenn dein Geist nicht in den Bäumen rauschte, dein Blick auf mich nicht niederbräche aus dem schönen Stern, die Luft deinen Athem nicht wehte, der Himmel sich nicht ruhig um mich wölbte, wie Liebesumfangen deiner Seele? es zieht mich schwellend hin zu allem, die ganze Natur mögt' ich an mein Herz drücken, und ich hätte nur dich. Ohne dich, Eugen? O in einer tiefen Kluft müßt' ich liegen, Enge, Tod, Finsterniß um mich seyn. Wenn ich unternehme, was meine früheren Tage erfreute, oft erstaune ich in mir selbst, wie du in allem bist, alles erhöhst, ich in allem heimathlich bin durch dich. Es drängt meine Brust unaufhörliche Qual der Wonne, wie Schwellen von Knospen, und ich ahne Kräfte, die sich daraus entfalten werden; du hast sie gerufen: werden sie dich beglücken, Eugen?

Mir ist trübe, seit jenen matten Stunden ist der heitere Schein der vorigen Tage nicht wieder über mein Leben gekommen. Blitze des Entzückens fahren auf mich herab. Eugen, daß ich jetzt geboren würde, und läge ein Kind an der Mutter Brust, und du ständest neben mir, ein nur wenig älterer Knabe, und wir wüchsen mit einander auf, hier in dem Garten, den mein Vater meiner Mutter geschenkt hat, da ich geboren wurde. Der Gedanke überfiel mich diesen Morgen, wie ich meine Augen von meiner Arbeit aufschlug auf die heilige Familie in meinem Zimmer, die du liebst; er hat mich durch den ganzen Tag begleitet, und hier ist er unaufhörlich um mich, seit ich bei meinen Aeltern bin.

20.

O wenn ich dich denke, Eugen, mich ganz in dich, in deine Liebe verliere: tiefe Klarheit und Ruh. Ich stehe auf unerschütterlichem Felsen in ewig heitrem Raum, unter uns braust der Strom der Zeit vorüber, wirbelt seine Erscheinungen, wirbelt unser Bild dahin. So laß uns einst sterben: auf einem Felsen am Meere schaun, uns fühlen, und hinab, eines an des andern Brust, begraben in unbekannten Welten unter dem Wasser.

Ich kann dir nicht schreiben, meine Hand zittert, ich werfe die Feder weg, verhülle mein Gesicht, und was meine Arme ergreifen, das drücke ich an die Brust, daß es lebendig aufglühe von meiner Liebesfülle.

21.

In der öden Gasse bin ich zwei Stunden auf und nieder gegangen, um deinen Schatten an den Vorhängen, deine süße Gestalt in dem lichterhellten Fenster zu sehn, um dir noch ein Zeichen zu geben, das dir voll Liebe wäre, wenn du es auch nicht zu deuten wüßtest. Wochen werden vergehn, ehe ich dich wiedersehe. Eine Rose, herabgeworfen aus deiner dämmernden Höhe, von deinen Küssen beseelt, hätte an dieser Brust ruhen sollen, die sich immer weiter von dir entfernen muß.

Verwickelungen im Nachlaß meines seligen Vaters, woran das irrdische Gut meiner Schwestern hängt, machen meine schleunige Gegenwart an unserm Geburtsorte nöthig. Sie wissen nicht, wie viel sie in ihr von ihrem Bruder fordern; aber ich willfahre und reise.

Auch kein Schimmer fiel von deinen Fenstern; der Regen klatschte, kein Fußtritt scholl in den Straßen, wenn nicht der lärmende Gang des Wächters die Stille beherrschte. Gewiß schlummertest du schon hinter deinen seligen Vorhängen, und ungehört verhauchte sich auf dem weißen Kissen dein Athem, dessen Säuseln nur einmal noch zu fühlen, meine Seele dürstete. Aber unbeweglich hingen die weißlichten Decken vor den Fenstern herunter, und mich überschlichen Schauer, als kämen sie aus dem Grabe. Dann pries ich wieder den Wächter glücklich, der in den Stunden der Frühe hier noch gehn, der den Morgenschimmer an diesen Vorhängen noch sehn würde. Laut klatschte der Regen, und der Wind rasselte schauerlich an allen Gebäuden; aber ich sagte mir: deiner wird sie immer und immer gedenken. O was es lieb ist, wenn zwei Herzen es treu mit einander meinen. Fühle ich ihr Herz nicht an dem meinigen schlagen? und die warmen Lippen der Schlafenden quellen mir entgegen, sind mein, wiewol ich entfernt bin.

Ungeduldig stießen in der andern Straße meine Pferde mit den Hufen die Steine, und der Klang von zwölf Uhr tönte weit und allenthalben umher in der Stadt. Jeder Klang rief mich von dir hinweg, und von allen Lauten der stürmischen Natur war keiner, welcher so ahnungsvoll an deine Fenster geschlagen hätte, daß du erwacht, hervorgetreten wärest. Und alle die Wolken jagten vorüber am Himmel in unsäglicher Menge, und die Sterne flohen unaufhörlich mit ihnen. Niemand trug Sorge um mich, als mein treuer Schifferknabe, mein Albert, den ich immer mitnehme, wenn ich hoffe, in deine Nähe zu kommen. Schüchtern kam er bisweilen um die Ecke der Straße geschlichen, und endlich faßte er meine Hand, und bat mich, die Rosse nicht länger in dem Regengeklatsch warten zu lassen.

Mit schmetternder Eile sind sie hieher geflogen. Vor einer halben Stunde hingen noch meine sehnsuchtsvollen Blicke an deinen Fenstervorhängen, und nun schreibe ich dir diese Zeilen auf meinem trauten Zimmer, wo mich hundert Kleinigkeiten von dir umgeben; Bänder von deinem Busen, Blumen von dir, und deine Lokken. Nichts soll hier bleiben, alles muß mit mir in die Ferne; und du mußt mit mir. In diesen Armen will ich dein liebes Bild tragen über die Felsen hinweg, über die Schlünde, in die bunte Jagd der Wolken. Wie viele glühende Küsse will ich deinen süßen Lippen aufdrükken. Fühle sie, fühle sie, Geliebte, die heissen Hauche der Sehnsucht. Lebe wohl, Regina, lebe wohl!

22.

Als ich den Berg hinabfuhr, der uns von einander scheidet, und der Morgen mir glühend nachkam, wie mit liebenden Schritten, und mir entgegenstrebte aus der Tiefe, mich zu umfangen, da ging mir das Herz fröhlich auf, und ich freute mich, daß ich auch fern von dir in der schönen Natur schwelgen konnte. O die glückliche Liebe giebt uns für sie neue Sinne, die uns überraschen mit Seligkeit, selbst wenn wir glauben, daß nur Wehmuth in unserm Herzen wohne. Dank dir, Regina, Regina!

Aber sie giebt in der Fülle nur augenblickliche Ruhe. Kaum wähnte ich noch in Gedanken an dich allerfüllenden Frieden gefunden zu haben, und schon ist mir wieder, als zögen durch meine Brust dumpfe Thränenbäche.

In dem Dörfchen, wo ich eingekehrt bin, liegt der Sonntag so sonnig still, nur die Großmutter ist mit zwei ganz kleinen Enkeln im Wirthshause zurückgeblieben, alles Gesinde sogar

ist

ist in Gottes Wort gegangen, und selbst das alte Mütterchen nimmt Theil am abwesenden Gottesdienste; sie sieht oft nach der hölzernen Uhr zu meiner Seite, und weiß, welches heilige Lied nun angefangen und beendigt wird, wo der Herr Pfarrer nun im Text seyn müsse. Ich höre nur bisweilen einen frommen Klang aus der Ferne, und das Knirschen meiner Rosse, die sich muthig sättigen. Sonnenstralen und Schatten von Weinblättern spielen durch die engen Fenster auf den saubern Tisch und mein Blatt, auf diese Züge an dich, Regina. Da legt sich ein Schatten des Weinlaubes, wie unbewegt von der Luft auf deinen süßen Namen. Es befremdet mich, aufmerksam betrachte ich die Buchstaben, sie scheinen zu trauern. Ach ich sehe dich, wie du weinest um mich, deine Thränen sinken auf mein Papier, mir zittert die Hand, und alle Ruhe, alle Freude des Sabbaths ist wie vom Sturm hinweggenommen. Hinweg, weiter von dir weg. Vielleicht dämpft sich das Treiben in meiner Seele, wenn viele Thäler und Berge zwischen uns liegen.

Mein Albert rüstet die Pferde und vom Dorfthurm tönt eilf Uhr. Zu dieser Stunde wollte des lieben Jungen kleine Schwester zu dir gehn mit ihren schönsten Kirschen, und dir meine nächtlichen Zeilen bringen. Die Glückliche! Sie wird sich durch keinen Bedienten abweisen lassen, sie wird ihre Früchte so loben, daß du sie schlechterdings selbst sehen mußt. Vertraue ihr. Sie hat Sinn und Klugheit ihres Bruders, und hat mir in der Frühe alles beschrieben, wie sie sich geberden wolle. Gieb ihr auch die heiligen Blätter, die ich in der Ferne von dir empfangen werde; mit welchen Segnungen, welchen Küssen!

Der muntre Albert stößt in sein Horn und läßt es frisch schmettern, und indem ich ihm zurufe, daß ich bald kommen werde, springt er ans Fenster, und sagt leise herein: ich blase und freue mich, denn nun ist meine Schwester, wo ich auch wol war.

Zwei unschuldige Kinder sind die Schutzgeister unsrer Liebe, und in spätern Jahren wird die Erinnerung von ihr ihnen höhere Ahnung, ihrer Reinheit beschirmendes Gefühl wider die Schlacken des Lebens geben. Dieser Gedanke hat für mich was tröstendes, und ich trage mich emsig mit ihm; und warum?

23.

Mein Whisky flog durch die anmuthigste Landschaft, und der Nachmittag des Sabbaths war in den Dorfschaften so voll hellen Jubels, als der Morgen still und heilig. Die tanzenden Züge des jungen Volks, mit bunten flatternden Bändern geschmückt, auf Wiesen und an Höhen, die lustigen Schalmeyn, die Rosse, die sich im hohen Grase wälzten, die Kühe, die sich übermüthig mit den Hörnern verfolgten, diese ganze

Masse von baarer, irrdischer Freude, übt eine Gewalt über das menschliche Gemüth aus, vor welcher selbst die sehnsüchtigen Freuden der Liebe verstummen. Du warst mit mir, Regina, aber ganz anders, wie jemals. In mir loderte keine Flamme der Leidenschaft, warme Wonne war voll in meinen Adern; kein Entzücken schlang sich verzehrend um meine Nerven, aber wie das Leben selbst, nur erquickend, gleichmäßig, allgegenwärtig, umgab mich dein weiblicher, blühender Reiz, deine Liebe. Und ich riß dich mit hinab in die jubelnden Züge, an die reinen Quellen, wo sich die Freude ergeht und wälzt, ohne Betrachtung, ohne Spannung und Bitterkeit der Verhältnisse. Mir war so wohl und unbefangen, daß ich nicht wußte, du seist meine Geliebte. Ich genoß deine frischen Lippen, wie eine entgegenquellende Kirsche, und hing an deinen Augen, wie an Wölkchen des geistigen Himmels. Die Zweige zog ich an mich im Vorüberrollen, und drückte und küßte sie. Ich sprang aus dem Wagen, und senkte mich innig in die blumige Wiese, und sagte: liebe Regina!

Dieser Jubel in mir und außer mir ward tausendfacher, als ein feiner Staubregen fiel, und Millionen Tröpfchen an den Grashalmen, dem Laube hingen, in welche die scheidende Sonne ihren Glanz zerstreute. Nichts sollte verloren gehn, ungenossen bleiben: das Leben drängte sich mit Macht zusammen, und wie das hochglühende Auge der Welt, aus welchem all' der Jubel floß, stand die Sonne vor einem dunkelgrünen Eichenwalde, wo das Försterhaus lag, in dem wir übernachten wollten.

Stattlich schaute es durch die Waldung, blendend weiß, die Fenster und Thüren und Giebel grün. Sein Vorhof war ein großer Platz mit Quellengeriesel und Baumgruppen. Einige junge Paare tanzten auf ihm nach Flöten und Hörnern. Mich empfing der alte Hausherr, ein Waidmann, mit grauen Locken und rothen Wangen. Er führte mich in einen luftigen Saal, in welchem viele Blumen dufteten, und dessen Wände mit artigen Jagdgemälden, dessen Winkel mit hellglänzenden Flinten geschmückt sind. Ohne daß ich etwas gefordert hatte, war ein Tisch mit kaltem Wildprett und prachtvollen Kirschen besetzt, und mit einem Wein, welchen der Waidmann mit besondrer Sorgfalt als Rebe und Traube in seinem Weinberg und Jahre lang im Keller gepflegt hat. Er ist ungemein würzig und duftig: ich halte ihn werth, wenn er meine Lippen netzt, daß ich ihm deinen süßen Namen nenne, und sein goldenes Feuer zwingt mich, es in diese Züge für dich niederströmen zu lassen.

Die Jagdhunde bellen lärmend in den Hörnerklang, und die unermüdeten Paare tanzen in immer schnelleren Kreisen. Wärest du hier in der wirbelnden Lust! Aber es soll kein Wunsch, keine Sehnsucht in mir aufkommen. Ich will mir nicht denken, wo du jetzt seyn wirst? ob auf dem Sofa, wo die Liebe in verzehrenden Flammen aufschlägt? ob hinabstarrend vom Fenster auf die Straße, wo dein Geliebter schwermüthig und sehnsüchtig in der letzten regenstürmenden Nacht wandelte, ohne deine Gestalt in der Höhe dämmernd zu sehn? oder sitzest du mit der freien schwebenden Gestalt an deinem Pult, und gebietest den schwarzen Zügen, von deiner Liebe zu erglühn, und dein Feuer mir in die Ferne zuzutragen?

Regina, Geliebte! Ich will hinaus in den Klang der Hörner und Flöten. Die Sterne gehn auf. Komm auf ihnen, steig herab von ihnen, und mit mir fort in die wirbelnde Freude.

24.

Meine Seele irrt umher, und sucht in der Erinnerung unsres letzten Beisammenseyns dein letztes Wort, deinen letzten Blick zum Abschied. Es thut mir innig weh, daß du getäuscht wur- dest unter meinem Fenster mit süßen Bildern von meiner Nähe und Ruh, während ich fern war. Meine Aeltern feierten die Ankunft meiner Tante vom Lande; bis nach zwei Uhr blieb ich bei ihnen, und als ich zurückkehrte, lagen die Straßen öde. O wenige Stunden früher, ich hätte dich getroffen, dich an meine Brust gedrückt, dir meine Seele eingehaucht, ehe du mich verlassen: auf so lange! Ich hätte Abschied genommen, die Seele ruht auf dem Abschied in den Stunden der Entfernung; noch solltest du meine Küsse fühlen, mein schlagendes Herz, meine Stimme hören, statt der Erinnerung, wie du einsam durch die leeren Gassen dahin gewandelt, sollten Bilder dich begleiten von aller Wonneseligkeit der Liebe. Was ich denke, thut mir weh: wohin ich mich wende, mir ist, als ob ein dunkles Schicksal über unsren Häuptern brütete, als würd' ich dich nie wiedersehn, und dann, als ob die Thür aufgehen müßte, du hereintreten, an meine Brust stürzen; ich höre deine Schritte, deine Stimme! es war, es wird seyn.

Könnte ich nur allein seyn, in Einsamkeit mich versenken. Du sollst mich nicht sehen, und andre?

Als ich diesen Morgen nach dem Garten meiner Aeltern ging, an dem Thore vorüber, und sah die Landstraße hinab, meine Blicke verloren sich in die Ferne, und erreichten doch nicht das Dorf, das eine halbe Meile nur von der Stadt liegt. Ich dachte, so weit, und viele Male so weit ist er, und jeder Augenblick entfernt ihn weiter. Meine Brust wollte springen, ich breitete die Arme aus nach dir!

Peinigender ward das Gefühl, als ich unter Menschen kam, alles leer und heimathlos. Der Gedanke, daß ein Horizont dich und mich umschlösse, war mir eine vertraulich sichere Begrenzung. Noch so viel Stunden, oder so viel, dann steht er vor mir: die Sonne, die aufging oder nieder, die Sterne, welche heraufzogen, jeder Wechsel der Tageszeiten war mir Botschaft von einem Glücke. Ueberall fühlt' ich Bande der Natur mit süßen Zügen, und heute .... Eugen, mir schaudert, wenn ich denke, wie gleichgültig, wie ohne Leben ich bin unter den Meinen; in dir ist meine Liebe zu allen; aber Entzücken überkömmt mich auch, daß ich dich so über alles lieben kann. Was vermag ein Schicksal gegen diese Liebe?

25.

Meine Seele ist wandelvoll, seit ich dich liebe: jetzt ist mir unaussprechlich wohl. Du bist fern, aber ich fühle dich nah, unvergänglich gegenwärtig. Am Abend nach dem verlornen Tage, als ich in mein Zimmer trat, und alles mich traulich anlächelte, beseelt von dir, wurde es plötzlich licht in meiner Seele, und erschien mir, daß ich es nicht verlassen wollte vor deiner Rückkehr! Ich trug die Zeichnungen hinein, welche bei dir gewesen sind; die Bücher, welche du liebst, nahm ich aus der Bibliothek und stellte sie auf, auch die, welche ich nicht verstehe. Alle Blumen trug ich zusammen, die du gern hast, hoch über allen ragt die Tuberose, die du geküßt, tiefer ihr zur Seite die Volkameria, und der abgeblühte Rosenstock, von dem ich einst die Blumen für dich brach. Unser Stern blickt hinein, als hättest du ihn heraufgeschickt tief unter dem Horizont empor, wo du weilst, er sieht mein Geschäft, und ich sage ihm tausend Liebesworte für dich. Auf nichts können meine Blicke treffen, das nicht von dir wäre. Auf dem Sofa las ich deine Briefe, zum Einweihungsgebet des Tempels, und Niemand soll ihn betreten in deiner Abwesenheit außer mich. O ruhe süß! wo bist du jetzt? fliegt der Stern neben deinem leichten Fahrzeuge dahin, treuer Begleiter der nächtlichen Bahn? oder sind die Augen geschlossen, aus denen Licht und Wärme über die Schöpfung strömt?

Dein liebes Bild versank mit dem Stern in meine Ruhe, es stieg damit vor mir auf, und weckte den Tag, und als er angebrochen war in voller Glorie, öffnete ich die Flügel, daß die Morgenluft, durch welche du fährst, in das Zimmer ströme, das dir geweiht ist. Ich sah nach deinen Bergen, die dunkel standen, sie trauerten über deine Entfernung, ich trauerte nicht.

Ich nahm den alten Schriftsteller, welchen du beständig liesest, ich sah die Worte an, die ich nicht verstehe, und die Empfindungen, welche sie dir geben, waren in meinem Gemüth; das Bild und der Schmerz des Mannes, der alle Erscheinungen, die Herzen, wie das Seine, hervorgebracht hatte, verfallen sieht. Da überkam mich Freude, daß solcher Schmerz deine liebe Seele nimmer quälen wird, die Seligkeit findet in eigenem Anschauen, Vergänglichkeit erkennt, und Ewiges. Ich dachte, wie die Welt hell, reich und tief sich in dein ruhiges Gemüth abspiegelt, und daß das einzige Glück, welches du von ihr empfangen willst, sicher in meinem Herzen ruht. Eugen! ich habe dich nie so geliebt. Ich war nicht deine Geliebte mehr, ich war du selbst, im Geist mit dir verbunden und in der Wahrheit.

Dann blickt' ich um mich: aus allem wehte dein Leben mich an, ich wandelte auf und ab im

Zimmer, ich sprach mit dir: da wurde an der Thür geklopft, ich trete hinaus, in der Hoffnung, es sei deine süße Botin, ein Comptoirbediente war es, der mir Briefe brachte: Lieber Eugen, ich schaudre, wenn ich Briefe sehe.

26.

Noch nie hat Albert deinen Namen ausgesprochen; er deutet dich immer nur an, wie eine namenlose Gottheit. Vor einem Augenblick las er neugierig Sprüche und Namen, welche in die Fensterscheiben gekritzelt sind, und auf einmal trat er zurück und sah mich an, als ob er freudig erschreckt sei. Ich ging ans Fenster, und fand in der Mitte einer Scheibe den Namen Regina, und erröthete und ward gegen den Buben etwas verlegen.

Ich mögte nicht wissen, welches Bild er von

unsrer Liebe hat, aus Furcht, es könnte von der Anmuth verlieren, in der ich mir es denke. Wie etwas Unbegreifliches, wie ein Wunderland liegt sie vor ihm. Ein Säuseln, ein Sausen vernimmt er von ihr, und aus ihren Wonnen, ihren Thränen setzt er sich ein Schicksal zusammen, das auch ihn einmal nothwendig erwarte. Diese Ahnung füllt seine Brust mit einer unbezwinglichen Sehnsucht nach der wundervollen Liebe, und es bekümmert ihn, daß dieser lichtblaue Himmel des menschlichen Lebens ihn noch nicht aufnehmen will. Ihm entfährt bisweilen der Seufzer, daß er doch so alt seyn mögte, wie ich. Des Grundes ist er sich nicht bewußt, und ich vermeide jede Frage darnach, weil Fragen daher entstehn könnten, auf welche ich ihm nichts zu antworten hätte.

Mit niemand kann ich reden über die Liebe, als mit dir, und von dem Augenblick an, wo ich jemand sagen könnte, wie sehr ich dich liebe, würde ich dich weniger lieben. Das holde schauerliche Geheimniß ist so selig, daß kein fremdes Licht hineinfallen darf.

Unser Weg führte uns diesen Morgen durch lange enge Schlüfte an einem schmalen, tiefen Fluß entlang. Nie habe ich ein so stilles üppiges Leben gesehn, wie da in Pflanzen und Bäumen. Blühende Ranken bekleideten die Felswände, und das glanzreichste Moos hing an ihnen herab, wie ein seidener Teppich. Wo es eine Oeffnung gab, waren Fichten und Lerchenbäume mit lieblicher Frische hervorgeschossen: man merkte es, die Felsen brauchten sich nur aufzuthun, und das gewaltigste Leben würde hervorbrechen und vor der Welt offen liegen. Allein die felsigten Adern hielten es fest verborgen in seiner heiligen innern Glut. Oben zog sich der Himmel hin, wie ein blauer Streif; und man sah nicht, man ahnete nur seine Unendlichkeit bei dieser Enge: nur um sie stralend zu schließen, schien er zu seyn.

Liebe Regina, alles war da wie in unserm Geheimniß, und die ganze Umgebung war ein Gedanke, ein Gefühl von mir und dir. Ich konnte mich nicht von ihr trennen, und als ich ein Felsstück hervorragen sah, um welches wilde Rosen freundlich nickten, stieg ich aus und hinauf, und ließ mich auf den luftigen Sitz nieder. Eine kleine Quelle rieselte neben mir herab, und hundert blaue und goldene Libellen strichen über sie hin und her. All dies ätherische Leben kam von dir, und ich sah dich, wie du in Gestalt Psyche's oben auf dem dunklen Rande aus dem hellen Himmelsstreif knietest, und alle diese Kraft hinabströmtest, und dazwischen selbst hinabschwebtest in meine Arme. Ich nahm meine Zeichenfeder und bildete dich in dieser Gestalt. Aber aus Psyche's Gesicht sprachen deine Züge so ähnlich, daß mir war, als hätte ich unsre Liebe durch meine Zeichnung verrathen, und ich mußte sie zerreißen, die kleinen Papierstücke flogen in alle Winde.

Regina! wer durfte noch so heissen, wie du? welche Hand schnitt diesen Namen in dies zerbrechliche Glas? zum Glück steht eine Jahrszahl dabei, die war, als du noch nicht geboren warest. Aber es ist doch ein Name, wie deiner,

und

und darum stelle ich vor ihn zwei volle Nelkentöpfe. Auch der Gärtner, der mich schlau betrachtet, erkundet dadurch nichts von meiner Liebe.

Ich wohne am Ende der Schlüfte in einem kleinen Gartenhause, das von dem herrlichsten Blumenflor umringt ist. Hinter mir ist die geheime Klause der Natur, die ich verließ, vor mir eine reiche, offene Landschaft. Den ganzen Nachmittag und Abend will ich hier hausen, weil meine Pferde erschöpft sind.

27.

Wirst du zurückkehren, und in dein Zimmer treten, so werden diese Zeilen dich begrüßen, eher als mich wirst du sie sehen, hier auf der Stelle, wo ich sitze und dir schreibe. Wenn ich diese Mauren betrachte, dieses Geräth, alles dein, es ist, als drängen Geister deiner Gedanken, deiner vergangenen Augenblicke auf mich ein, ich schließe die Augen vor Ueberfülle der Wonne, und flammender als aus der lichten Umgebung, stralt dein Bild mir aus meinem Innern entgegen in dem Dunkel, das mich nun umfängt, es breitet die Arme aus, und schließt mich an seine Brust, es öffnet die Thür, dort wirbelt Staub die Landstraße hinab, ein Posthorn schmettert mit Sehnsuchtsklängen von Weite und Heimath, das bist du, im Dorfe siehst du meinen Wagen, und ahnest, wo ich bin, du fliegst nach deinem Hause die Steigen hinan, ich starre, ich zittre, die Wonne lähmt meine Glieder, du hältst mich, ich habe dich wieder, und mit Wonnethränen öffne ich die geschlossenen Augen, vor die ein süßer Trug das entzückte Bild zauberte. Da seh' ich wieder, was dich immer umgiebt, was dich umgab, ehe du mich kanntest, ich sinke auf die Knie, ich ringe meine Arme empor: Liebe, Liebe!

Als ich diesen Morgen erwacht war, erschien

dein kleines Mädchen. Sie gab mir deine Briefe erröthend mit niedergeschlagenen Augen, und ich empfing sie erröthend und mit niedergeschlagenen Augen. Ich hätte sie an meine Brust drücken wollen, und küssen, aber ich scheute es zu thun; ich scheue mich, sie meine Liebe sehen zu lassen: sie ist rein, ich scheue sie nicht vor Gott und Geistern, aber mir ist, als würde ich ihre Kindheit zerstören, wenn ich sie ihr offenbar werden ließ. Ich fragte keine Frage über dich, allein ihre Nähe war mir wie ein lebendiges Andenken von dir, ich hielt sie auf, und lehrte sie allerhand kleine Arbeiten, und zeigte ihr Kupfer, bis sie bei der Anbetung des Kreuzes ausrief: „ach das hängt bei dem gnädigen Herrn!“ O du Theurer, dein Zimmer stand plötzlich vor mir, und dann der Eindruck der Entfernung im Herzen, den mir deine Briefe zurückgelassen! Wenn ich durch das Fenster sah, war mir, als breiteten sich aus der lichten Wolkenferne Arme mir entgegen; umfangen von dir, als könnt' ich dich erreichen, dort!

Das kleine Mädchen ward unruhig; ich beschäftigte mich nicht mehr so sehr mit ihr; endlich als die Uhr die zwölfte Stunde schlug, sagte sie mir halb andeutend, sie würde nun wol gehen müssen, weil noch heute eine Hochzeit im Dorfe sei. Ich entließ sie, und immer sehnsüchtiger lockte mich's hinaus, wie dir entgegen; das stille Umfangen deines Andenkens bändigte meine stürmische Seligkeit nicht. Gleich nach dem Essen ließ ich anspannen. Mit klopfendem Herzen befahl ich dem Kutscher, aus dem Thore zu fahren, aus dem hinaus der Weg geht nach deinem Gute; und hinaus. Es war warm, Schweigen und Thätigkeit auf den Feldern. Von den Anhöhen wehte der Wind erfrischende Düfte, und halbe Laute von Musik und Heerdengeklingel. Mein Kutscher fuhr immer schneller bei den Lauten, und wandte sich endlich, und fragte mich, ob wir nicht nach dem Dorfe wollten, und erzählte mir von der Hochzeit. Ich hätte es nicht vermogt, wärest du dort gewesen, aber so … Wir kamen auf die Höhe, hinter mir lag die Stadt; hier hinab, wie oft dein Blick! jeder wilde Rosenbusch am Wege, jeder Baum, jeder Stein wurde mir unaussprechlich bedeutend, überall ahnete ich dich, mir war, als müßtest du nun, nun erscheinen. Und wie ich dein Haus sah, die geschlossenen Fensterläden, das verschlossene Thor, den Hof unbelebt von deinen nächsten Dienern; da wurde mir öde, mich ergriff deine Entfernung mit nie gefühltem Schmerz; ich wollte umwenden lassen, rasch zurück zu deinen Briefen, deinem Andenken: da kam Getümmel um eine Ecke meinem Wagen entgegen; Musik, Jauchzen, Gelächter, es war der Brautzug, und ich sah dein kleines Mädchen das blonde Haar glatt aus dem Gesicht gestrichen und mit Silberbändern aufgewunden; ihr Anblick war mir wie neues Leben; wie sie mich sah, sprang sie aus dem Zuge und winkte. Ich ließ halten, und sie sagte: sie wolle mir gleich von ihrer Mutter die Zimmer im Schlosse öffnen lassen, und besorgen, was ich verlangte, wenn ich bleiben wolle. Mein Kutscher und mein Bedienter sahen sehnsüchtig freundlich dem Zuge nach, der Kutscher meinte mit schlecht verhehlter List, Ruhe würde den Pferden sehr gut seyn.

Indessen nahte eine freundliche alte Frau auf ihren Wink, und öffnete die Thorflügel, eh' ich entschlossen war, eh' ich ausstieg. Eugen, ich mußte; dein Haus winkte mir, mit seligen Thränen betrat ich den Vorhof, mit scheuen Tritten durchschlich ich den Flur, hinaus zur Hinterthür auf den Steinstufen, bei den Schwänen; hier ließ ich mir Obst bringen, und beschenkte und entfernte die Brautgesellschaft; das kleine Mädchen wollte bei mir bleiben, sie sah oft verstolen neugierig zu mir hinauf, und endlich fragte sie: ob ich die oberen Zimmer sehen wolle? Allein mit ihr ging ich hinauf, sie ist im Vorgemach am Fenster, und sieht herüber nach dem Anger, wo meine Leute froh sind mit den deinen, regt sich selten mit leisen Schritten auf dem Parket, und läß mich hier allein, bei dir, mit dir! Die Sonne legt sich golden über das Thal in das Zimmer hinein, die Berge stehn wie dunkle Riesen, und dehnen breite Schatten vor sich her, der Strom wallt flammende Wellen, der Himmel ist voll aller Farben und Glut. Geliebter! geliebter Freund! O laß mich sterben, laß mich sterben! nimmer, nimmer von hier! kann ich noch andre Abende leben?

28.

Eugen! geliebter, glücklicher Eugen! wie ein frisches Kind stehst du in der Wonne der Liebe, und genießest sie, wie sie dir rings entgegenquillt aus der ganzen Natur, und ich stehe Augenblicke in allem Entzücken ihrer Seligkeit, und rufe die Vernichtung, weil es das höchste Glück wäre, das sie mir geben könnte, von ihrer Wonne zu sterben. Dann schleicht ein kalter Schmerz mir durch die Seele. Eugen! Eugen, ich liebe dich! Dich will ich denken, dich hinausreißen aus allen Verhältnissen, dich umklammern, nur in deine, deine Augen blicken, und nichts sehen von allem, was um mich ist, von dem Hause, wo ich einzog als Braut, von dem Garten, wo ich verlobt ward, von dem Himmel, den ich mit treumeinendem Herzen damals anrief zum Zeugen meines Bundes, von dem Aelternsaal, wo er geweiht ward, unauflöslich. Ueberall steht mit kalter ewiger Schrift der Fluch unauflöslich, und donnert mir erbarmungslos entgegen, in das zermalmte Herz.

Ist denn Liebe Schuld? ist nicht Liebe, wo es Leben giebt und Seelen athmen? nur in meiner Brust ist sie Sünde, Sünde gegen dich ist der Schmerz, daß meine Liebe einen andern kränkt, Sünde gegen ihn ist meine Liebe zu dir.

Er wird kommen: wie werd' ich vor ihm stehn! jede Luft, die mich anweht, ach von dir, führt ihn näher. Du wirst kommen, armer, armer geliebter Eugen! Ich kann nicht mehr: kalte Thränen, kalter Schweiß, rinnen von meinem Haupte, es ermattet mein Herz, ich liege dumpf und brüte, ohne Gedanken, ohne Gefühl; dann reißt ein Jammergeschrei mich auf, es bricht von allen Seiten auf mich ein. Wie wirst du diese Nachricht empfangen. Dein Schmerz... Eugen, ich liebe dich, unvergänglich, durch Schmerz und Wonne, bin ich einzig dein. Sei ruhig: das will ich halten, daß ich auch ruhig werde. Dein, dein!

29.

Ich sah' schon, als ich am hellen Nachmittag über einen Hügel fuhr, die Spitzen der Thürme meiner Vaterstadt, und hätte sie vielleicht noch um Mitternacht erreicht; aber ich bin hier in einem Zauberschloß gefangen. Unter edlen Statuen, bei einer Mondscheinlampe, in dem prachtvollsten Zimmer schreibe ich dir, geliebte Regina. Die Bilder des Tages liegen um mich her mit bunten Farben, und haben meine Seele mit einem milden und lieblichen Glanz umzogen. Fernhin steht in demselben deine geliebte Gestalt, und schreitet heller und heller zu mir; und ich mögte vergehn an deinen Blicken, den tiefen, innigen, die meinen Athem an sich ziehn. Aller Zauber der Sinne, was ist er gegen Liebe?

Als wir in der Frühe durch einen Wald fuhren, wo keine Hütte war, kein menschliches Wesen erblickt wurde, lockte uns schon aus der Ferne eine hellgrüne Wiese, die hart am Wege freundlich lächelte. Einige weiße Kühe auf ihr ließen die Gegenwart wenigstens eines Hirten vermuthen, und als wir nahe kamen, sahn wir an ihrem Bache ein bogenförmiges Gebäude von großen Feldsteinen, mit Epheu und andern Ranken überdeckt. Seine Pforte öffnete sich, und ein Hirt trat mit seiner Hirtin freundlich an den Weg, und luden uns ein, bei ihnen zu frühstücken.

Wir folgten gern, und fanden, zu unserm

Staunen, in einer Grotte, die mit bunten Steinen ausgelegt war, auf einer Marmorplatte ein kleines Mahl bereitet. Die Speisen und Früchte waren ausgesucht, und von den Silbergefäßen, auf welchen sie lagen, stralte die Grotte. Wirth und Wirthin hatten angenehme Geberden, und waren sehr gesprächig. Wenn ich aber fragte, welcher Güte ich diese Bewirthung, die über ihren Stand ginge, verdanken müßte, antworteten sie nur mit niedergeschlagenen Blicken und einem bedeutenden Lächeln.

Heiter nahm ich von ihnen Abschied, und spielte mit den Bildern jener seligen Zeit, als der Pilger allenthalben auf der Erde die freundlichste Heimath fand, als in jeder Hütte Unschuld und Anmuth und der Duft sinnlicher Genüsse die Gastfreundschaft schmückten. Auch unter diesen Bildern war immer deine Gestalt, Regina. Dich sah ich im freundlichen Strohhut unter Arkadiens Schäferinnen, die kein andres Auge gehabt haben können, als wie deines blickt, wenn dein Gemüth sich ganz den kindlichen Regungen überläßt.

Noch waren die anmuthigen Bildergewebe aus Arkadien nicht ganz um mich verflattert; denn der dichte Wald dauerte fort, und überließ mich durch seine Einförmigkeit ganz meinen Träumen; als uns ein neuer Zauber überraschte. Die Mittagssonne drang mit glühender Gewalt durch die alten Wipfel und das schattige Laubdach, und der Weg schwang sich etwas aufwärts, so daß ich fürchtete, wir mögten oben den glühenden Stralen sehr ausgesetzt werden. Plötzlich ertönt frischer Hörnerklang auf der einen Seite, als wollte er die Vorbeikommenden zwingen, bei ihm zu weilen im dicken Gebüsch, und die Sonne höher hinauf zu meiden. Doch bedurften wir dieser süßen Gewalt der Töne nicht. Indem ein Horn noch fortklang, wurden die Zweige von einander gebogen, und ein junger stattlicher Jäger trat zu mir mit den Worten: mein Vater grüßt mit dem Horn, welches ihr hört, und ihr würdet ihm nicht die Schmach anthun, euer Mittagsmahl lieber unter wilden Bäumen oder in einer armseligen Schäferhütte, als in seinem

Hause zu suchen. Zutraulich faßte er zugleich die Zügel meiner Rosse, und bog sie in einen engen Seitenweg. Der Vater unsers Führers saß vor dem Hause auf einer Rasenbank, und blies immer freudiger, je näher wir kamen. Ich sprang aus dem Whisky und schüttelte ihm seine schnell gefaßten Hände, indem seine Klänge noch fern in der Luft zitterten. Er sagte mir lächelnd, daß er und sein Sohn heute Mittag in seinem Hause eben so gut Gäste wären, als wir, und daß meine Rosse lange hier ruhen könnten, indem wir unser Ziel noch bequem zu Abend erreichen würden. Ich nannte ihm meine Vaterstadt, die noch ziemlich weit entfernt wäre; und er antwortete nichts und lächelte. Ruhig überließ ich mich der gefälligen Gegenwart, und folgte die Stufen hinauf zu dem angenehmen Häuschen. Es war ländlich zu einer Jägerwohnung bequem eingerichtet; aber im Hintergrunde wurde ich in einen Saal geführt, der mit seinen Seitenzimmern überraschend schön war, und das Ansehn hatte, als ob er selten betreten würde.

Indem ich ihn beschaute, und eine kleine Büchersammlung durchsah, die lauter frische, muthige Dichter enthielt, und mich der Zeichnungen an den Wänden freute, die kühne, stolze Landschaften, alle von Einer Meisterhand waren, wurde von Jägerburschen das Mittagsmahl bereitet, zu dem die beiden Förster auch meinen Albert riefen.

Der Gedanke, daß wir alle vier hier Gäste wären, und zum Theil von einem unbekannten Wohlthäter hier bewirthet würden, erfrischte unser Gespräch mit der angenehmsten Unbefangenheit. Ich nannte tief in der Seele deinen Namen bei dem Schaum des Champagner, der meine Lippen netzte, und bei dem zweiten Glase, das ich laut der unbekannten Gottheit weihte, durch welche wir hier vergnügt beisammen wären, standest du wider meine Absicht vor mir. Auch fühlte ich bei aller sinnlichen Erquickung, die uns mit prächtiger Fülle wurde, daß der Gedanke deiner Gegenwart mir alles versüßte. Ich würde die biedern Waldmänner in ihrer Freude zu sehr betrübt haben, wäre ich nicht mit ihnen freudig beisammen gewesen, und nur diese Betrachtung hielt mich, daß ich nicht in Träume von dir, mein einziges wirkliches Daseyn, mich verlor.

Sobald die Rosse geruht hatten, entriß ich mich den treuherzigen Menschen. Für mich ist nirgends Rast, als in den Erinnerungen von dir. Der alte Waidmann bezeichnete mir den Weg, den ich nehmen müßte, welcher nicht der nächste zu meiner Vaterstadt war. Ich machte Vorstellungen dagegen; aber er bat mich dringend, ihm zu vertrauen: es müßte seyn, wie er sage, und ich käme so am besten zum Ziel. Das bisherige hatte so auf mich gewirkt, daß ich versprach zu folgen, und wirklich oben, wo der Weg mit den Wipfeln der Bäume gleich hoch war, die bezeichnete Straße einschlug, wiewol die Thürme der Vaterstadt mich auf einen andren winkten. Doch mich zog auf jenen noch eine andre Macht. Liebe Regina, ich sah den Strom, deinen und meinen Strom, der tief unten mit der dunklen Flut sich ahnungsvoll hinwälzte. Kaum konnte ich mich der Thränen enthalten, als ich ihn erblickte. Alle seine Wellen kamen von dir, waren am Garten deiner Aeltern vorbeigeflossen, viele von ihnen hatten dich gewiß gesehen, und brachten mir vielleicht eine abgerissene Blume von dir, einen verwelkten Blumenstrauß deiner Brust. Mir war, als hätte ich viele Jahre lang Wüsten durchwandern müssen, und käme auf einmal an den Strom meiner Heimath.

Als meine Rosse die Straße hinabgeflogen waren bis an den Strand, da konnte ich nicht im Wagen bleiben; ich stand und breitete die Arme gegen die Wellen, und fühlte, sie schlugen an mein Herz, meine Brust. In dieser Zeit wurde die Sehnsucht zum folternden mannigfaltigen Schmerz. Ich weiß nicht, wie lange ich ging und lag am Ufer; aber mein Herz war verblutet, als ich auf Alberts Mahnung wieder in den Whisky stieg.

Mir war so öde, daß ich von der Gegend

nichts bemerkte, und die Natur mir leer schien an allen Kräften. So fuhr ich lange hin, bis ein staunender Ausruf von Albert mich weckte. Er zeigte auf eine ferne Anhöhe voll lieblicher Baumgruppen, in welchen ein weisses Schloß lag, vom Abendroth übergossen. Mir däuchte, als lernte ich bei diesem Anblick erst die Farbe kennen, und was Nähe, was Ferne sei. Die blaßrothe Erscheinung warf sich anmuthig auf den dunklen Hintergrund meiner Seele.

Weiche Gefühle milderten immer mehr meine öde Qual, je näher wir dem Schlosse kamen. Ich erkannte es für dasjenige, wo wir nach dem Bericht des alten Waidmanns das Nachtlager suchen sollten. Schon begrüßten uns die schlanken Pappeln, die hinführten, und allenthalben erblickte man die verschönernde Hand des Menschen. Springbrunnen plätscherten in dem Park, edle Gestalten, von grauem Stein gehauen, bewachten seine Seen, das Wild besah uns Fremdlinge ohne Scheu, und die Singvögel fürchteten keine Störung auf ihren grünen Sitzen.

Endlich erkannten wir den Vorhof und seine Flügelthüren von schwarzen Stäben; aber ehe wir nah an ihm waren, wehten Lautenklänge aus einer der Baumgruppen zu unsern Seiten, und ich bemerkte drei weibliche Gestalten. Sie bewegten sich gegen uns, ich erkannte meine älteste, meine geliebteste Schwester.

Ich eilte zu ihr und drückte sie mit Ueberraschung, mit Innigkeit an mein Herz; denn sie ist ein treffliches Weib. Sie stellte mich ihren Begleiterinnen vor, und nannte die Gräfin und ihre Tochter. Indem mich die Mutter mit hoher Freundlichkeit bewillkommte, und ich ihr mit der Vermuthung, daß ihre Güte mich den ganzen Tag bewirthet habe, meinen Dank sagte, stand das Fräulein etwas zurück, ohne sich in das Gespräch zu mischen. Als ich mich umwandte nach ihr, wie froh erschrack ich. Regina, sie gleicht dir täuschend. In sich geschmiegt stand die schlanke Gestalt, wie du betrachtend zu stehn pflegst, wie die süßeste Empfänglichkeit in Grazienbildung, und ihre Stimme antwortete so weich, wie deine, ihr Auge hatte nur schmelzende Reinheit, wie deines, wenn es nicht bestimmte Gedanken verfolgt.

Die Mutter und meine Schwester scheinen sehr vertraute Freundinnen zu seyn, und beide sind sich gleich in dem Geschmack an einem gewissen Stolz der Sitten und der Pracht der Umgebung. Sie hangen an der schönen Kunst, und ihr Urtheil über Gegenstände derselben ist sehr gebildet. Aus ihrem Gespräch diesen Abend hätte ich viel lernen können; aber sie berühren alles zu sehr mit dem kühlen Begriff, und daran ist auch ein mittelmäßiger Mann den geistvollsten Frauen leicht überlegen. Nicht daß ich ihnen beiden nicht ein warmes, inniges Herz zutraute; aber es fehlt ihnen die Verbindung zwischen dem scharfen Verstande und dem innigen Gefühl, es mangelt ihnen die schaffende Einbildungskraft.

Recht Theil nahm ich nur an der Unterhaltung, wenn Emilie hineinredete. So heißt die junge Gräfin, sie trägt zu meiner Freude den Namen, den du mit Regina vereinigst. Sie hat weniger Kenntnisse, als die beiden andern, und sucht bisweilen voll Verwirrung nach einem bestimmten Ausdruck; aber aus allem, was sie spricht, ist es, als schösse eine Blume hervor; in ihrem Innern wirkt das Genie; sie hat nicht blos Verstand und ein warmes Herz, sie hat ein schönes Gemüth, wie du, Regina.

Das seelenvolle Wechseln von Röthe und Blässe während des Gesprächs hat sie auch im Gesicht, wie du; und als wir nach dem Essen durch mehrere Zimmer gingen und in das ihrige kamen, fand ich da eine Volkameria und Tuberose. Da hielt ich mich nicht, ich mußte deiner gegen Emilie erwähnen, und es hat mir wohlgethan, als wäre ein sanfter Gewitterregen auf mein Herz gefallen. Mit welchem Ausdruck hat sie mich angehört! Ich werde mich oft an ihr laben, wenn die Geschäfte in meiner Vaterstadt mich austrocknen. Emilie ist nicht sehr ferne: zu ihr darf ich mit einem Herzen kommen, das allerfüllt ist von dir, Geliebte! Geliebte!

30.

An demselben Platze unter der alten Linde, wo ich lateinische und griechische Wörter als Knabe auswendig lernte, und die Wolken über mir vorüberfliehend mich in ferne Gegenden zogen, und ich so gern den irrenden Odysseus in die Heimath gesteuert hätte, da gedenk' ich dein mit aller Fülle des menschlichen Daseyns.

Ich sage mir so bestimmt, daß in dir alle Begränzung meines Lebens liegt, in deiner Liebe das Heilige, wodurch mein Wesen Alles werden kann, was es seyn soll; ich frage mich, ob alle idealische Jugendträume von der Liebe nicht Schatten sind gegen unsre Wirklichkeit? und die

Lindenblüten fallen auf mich herab, wie vor vielen Jahren, mit ihnen tausend Erinnerungen, und allen muß ich antworten, daß ich der glücklichste Mensch bin.

Alle Fesseln habe ich zerrissen, und lebe frei der Natur, der Wissenschaft und Kunst, der Liebe. Für sie alle will ich wirken und schaffen; ich will beglücken und glücklich seyn. Da bedarf es dessen nicht, wonach ich schon als Knabe mit Thränen rang, nach dem herrlichen Schicksal, für etwas Großes einst mein Blut vergießen zu dürfen.

Und doch ist irgend ein dumpfer Schmerz. Nicht die Abwesenheit von dir ist es. Nein, das gräßliche Recht, das ein Andrer an dich hat, unterwühlt meine Seligkeit. Ich kann mich nicht unbefangen, schuldlos freuen, wie als Knabe. Ich beschwöre dich, Regina; nur im Garten deiner Aeltern, wo du ein Mädchen warest, wollen wir uns sehn und umfangen, über die Schwelle deines Hauses geht mit mir die Schuld.

31.

Erst jetzt ist mein Zimmer leer geworden, und nun eile ich zu dir, mein Geliebter.

Meine Aeltern, unsre Verwandte und Handelsfreunde sind alle gekommen, mir Glück zu wünschen, und sich mit mir zu freuen über die Rückkehr meines Gemahls. O Eugen!

Das Herz thut mir weh von jedem Worte, das gesprochen wurde. Diese Plane für die Zukunft, diese Verwundrung über meine Gleichgültigkeit! Ich hätte nicht vermogt, es zu ertragen, aber in der Liebe ist der höchste Schmerz, und in ihr ist auch, was gegen jedes Leiden erhält. Einsamkeit hätte mir wohl gethan; nöthig war sie mir nicht, denn seit dem Sturm am gestrigen Tage, aus welchem die tiefe Zuversicht hervorging, daß ich dein sei, ewig, bin ich nicht frei von vielem Weh; doch sehe ich ruhig den unvermeidlichen Stürmen entgegen, die unsre Liebe bedrohn. Sie wird durch alle hindurchgehen in unverletzlicher Klarheit; wie dort die Sonne nach dem stürmischen Regentage nun steht, zwischen deinen Bergen, groß und glänzend, in zartem grünlichen Blau siegreich über den Wolken. Es kann mich oft eine Erscheinung der Natur mit solcher Freudigkeit erfüllen, als wäre sie eine Verheissung.

Das Schwerste habe ich diesen Nachmittag überstanden. In unsrem Comptoir ist ein alter Buchhalter; sein Glück ist aus dem Glück meiner verstorbenen Schwiegerältern hervorgegangen. Es kam zu spät, sein Leben noch mit innigern Verbindungen zu beseelen, aber es erleichterte die letzten Tage seiner alten Mutter, es verschafft ihm manche Freude, manche Bequemlichkeit, die Befriedigung mancher Liebhaberei. Er erkennt es dankbar, und will, da es ihm nicht mehr hat geben können, es soll auch einst wieder darin zurückkehren, wo es hervorging. Sein ganzes Leben hat er an unser Haus geknüpft. Er liebt sein Geschäft, hält es hoch über alles, mein Mann ist ihm das Ideal seiner Verwaltung. Er liebt ihn wie seinen Sohn, schätzt ihn wie seinen Vater. Als er die Nachricht seiner Rückkehr empfing, müßigte er einige ihm höchst kostbare Augenblicke von seinem Schreibtische ab, und kam zu mir, sein Herz zu erleichtern. Er spricht sonst wenig, hält sich still in sich und entfernt, aber er schloß mich, die er außerdem mit der größten Ehrfurcht behandelt, wie eine Tochter in seine Arme; ergoß sich feurig im Lobe des Handels, durch den er mit einem Federzuge Menschen in den fernsten Ländern in Bewegung setze, alles berechne, an allen Welthändeln sein Glück Theil nehmen lassen könne; wie mein Mann dieses zweckmäßig verstände, wie klug, vorsichtig und thätig er von jeher gewesen. Dann folgten Sorgen über Wind und Wetter, dann Frohlokken über gelungenes Geschäft und neue Bekümmerniß.

Er war so außer sich, daß er den Krampf meiner Gefühle nicht bemerkte, das Zittern meiner Glieder. O ich, die ich Ihm die nächste bin, stehe bebend bei dem Jubel seiner Leute, auf mich rechnet er, und in mir ist Vernichtung all seiner Hoffnungen. Freude wäre so natürlich in meiner Lage, daß ein jeder sie voraussetzt, und ich stehe dabei, wie eine Verbrecherin. Und doch ist mir nicht zu Muth wie Lasterhaften. O ich könnte Freude fühlen, wenn Du kommen solltest! Wenn du es wärest? Wie würd' ich den Jubel anführen, wie ihn unterbrechen mit banger Sehnsucht. Jetzt wag' ich nicht, nach den wehenden Flaggen zu sehen, bei jedem Hurra, das ankommende Schiffe verkündet, erliegt mein Herz. Nicht weichen würd' ich dann von dem Fenster, wenn die Sonne aufginge, und die Flaggen flatterten geröthet von ihren Stralen, alle zu mir herüber, da würd' ich jauchzen, der Morgen hat sie mit Liebesflammen gepurpurt, weil sie den Geliebten winken zu mir. Und wenn sie matt niederhingen an den Masten, sollten die Hauche meiner Sehnsucht die Lüfte wecken, daß sie die grüne Fläche freudig kräuselnd bewegten, und um dein Schiff mit frischen Spielen gaukelten.

Ach du wirst kommen, und wo wir uns frei

unter Gebilden der Kunst begrüßten, mich finden, das Eigenthum eines andren. Nein, nein! Seelen sind frei; und wer kann Leib und Seele trennen? Eugen! Kampf und Verwirrung ist in meiner Seele, aber zwischen dunklen Wolken steht es ruhig, wie unser heller Stern: dein, ewig dein!

32.

Regina! geliebte Regina, da habe ich zwei Briefe von dir, in meiner Vaterstadt. Ich drücke sie an mein Herz, ich küsse sie, deine Seele haucht mich an aus ihnen mit Flammen, mit Schmerz und Wonne. Im kleinen Garten hinter meinem väterlichen Hause habe ich sie zuerst gelesen, entfalte ich sie immer von neuem, und wiederhole mir immer: hier an demselben Fleck, wo du dich mit andern Knaben um den

Ball zanktest, sagt dir ein himmlisches Wesen, daß es dich liebt, daß du seine Seligkeit bist. Und so wonneschauernd mich der Gedanke umfängt, muß ich lächeln, wenn ich mir wie ein Knabe erscheine, den du voll Huld in deinen Himmel emporhebst.

Ist es nicht wahr? durch die Liebe erklärt sich das ganze Leben. Man wird durch sie wieder zum Kinde und reift wunderbar schnell für die Zukunft. Alles wird durch sie Gegenwart, goldenes Daseyn.

O säßest du mit mir unter der breiten Linde, die mein Vater gepflanzt hat, und ich könnte zu dir sagen: du bist mein Weib. Mich dünkt, er müßte aus dem Grabe zurückkommen, seine blühende Tochter zu sehn. Alle Zeit, aller Raum ist in der Liebe; und du bist dennoch nicht mein? Beim Geist meines Vaters, ein Schwur, den eine feindselige Luft von den Lippen riß, kann die ewige Ordnung der Natur nicht umkehren. Warum hätte sie uns erschaffen, wenn nicht für einander? und was will gegen sie ein Schicksal, das nur durch sie gemacht werden soll?

Ich kann dir nichts Zusammenhängendes schreiben. Meine Hand zittert, die deine Briefe gefaßt hat, und meine Gedanken eilen dem Fluge der Vögel nach, zu dir, zu dir. Wie viele Jahre, wenn sie aus dieser Enge mit Wolken und Vögeln gingen, hatten sie kein Ziel; und jetzt? deine Stube, euer Garten, jeder Platz, von dir betreten, jeder Raum, wo du athmest, ist Ziel für meinen Flug, ist Wonne, worauf er sich niederlassen kann.

Ein Heer von Bienen summt glänzend um die Lindenblüten, so sinnig, so bemüht, Honig zu suchen, um Honig zu schaffen; der Himmel ist so blau und so hochgewölbt, daß die Lerchen nicht genug steigen können, um in sein schönes Licht ihre Wonnelaute verklingen zu lassen; Homers Odyssee liegt vor mir, und dazu die Erwartung; den Nachmittag und Abend bei der lieblichen Gräfin Emilie zuzubringen: alles dies könnte mir wol sinnige Heiterkeit geben.

Aber wo ist Ruhe, wo Glück, als bei dir? Ich weiß nicht, seit ich deine Briefe empfangen habe, kam ich nicht auf das Schloß, denn ich empfinde so scharf, daß alles, was mich nicht zu dir bringt, erbärmliches Umhertreiben ist, meiner unwürdig und unsrer Liebe. Mir ging die Seele auf, als ich Emilie sah, weil alles an ihr so lebendig an dich erinnerte. Aber nun, da die süßen Briefe dich mir so ganz wiedergegeben, ist es mir schauerlich, daß das Bild irgend eines Weibes in meine Seele neben deines sich wagte, und ich würde ungerecht gegen dich und gegen die Bewohnerinnen des Schlosses seyn, wenn ich in dieser Stimmung hinginge.

Alle meine Gedanken sind nur bei dir! bei dir! Bald halte ich dich wieder in meinen Armen und küsse mir Seligkeit auf deinen Lippen. Bald! weil ich mit Jugendbekannten zu thun habe, geht es schnell mit meinen Geschäften. Wo werde ich dich zuerst wiedersehn? in welchem Kleide wirst du dann seyn? welche Blume in deinem Haar, an deinem Busen, wo mein Leben schlummert? Regina!

33.

So erhalt' ich denn zum erstenmal, seit jener schrecklichen Nachricht, wieder geliebte Zeilen von deiner Hand. Ich küsse sie tausendmal, ich drücke sie an mein Herz; es wallt vor Entzükken bei deinen Freuden, Eugen! Ein Quell auch deine Freuden und mein Schmerz. Es ist nichts als Verwirrung in meiner Seele, die heitre Ruh' all' meiner vorigen Tage, das harmonische Schweben meiner Empfindungen, meines Bewußtseyns, das wie auf stillen Wellen mich trug, ist verloren, es ist nur ein ruhiger Fleck in der Schöpfung, und das ist dein Herz. Wenn ich dich denke, in dich mich versenke, daß ich nicht mehr weiß, bist du es, bin ich es, wenn alle Gestalten, die dich umgeben, um mich stehen, dann ist mir wohl. Aber wenn ich Abends zu den Meinigen komme, sehe ihren Frieden, die Freude ihrer Häuslichkeit; die Gespräche ihrer Erwartung beginnen: o es fallen mir wüthende Schmerzen an die Seele, folterndes Bewußtseyn, ich stehe dabei wie der böse Geist, der alles zertrummern wird. Dann stehle ich mich hinaus aus der Laube, ich eile zum Fluß, der dich trug, über das Gitter gelehnt am Ufer, an einsamer Stelle weine ich mir die Beklommenheit vom Herzen, und meine Thränen fallen in die Wellen, die vorüberfliehn. Der Abend ist hell in dem Strom, die Ruhe steigt aus dem Wasser mir ans Herz, ich sehe dein Bild in den silbernen Wolken an der blauen Wölbung im Grunde, mir wird die Brust weit, selig, als stiege die ganze Natur darin hinab, alle Liebe, deine Liebe. Da kam die Mutter und küßte mich, und mir war, als müßte ich sie ihr voller Freuden entdecken. Ich küßte die verehrten Lippen, mit Liebe an ihrer Brust, wie in den Säuglingstagen, da sie mir die liebevolle Nahrung reichte, und dann ging es mir wieder wie Schwerter durch die Seele, folterndes Bewußtseyn. Geliebter, ich sollte dir es nicht sagen, nicht deine theure Seele kränken, doch ich muß.

Jetzt hast du meinen letzten Brief, jetzt vielleicht

leicht durchwühlen dich tausend Schmerzen von mir, wehe, wehe! Eugen hättest du mich nie gesehen, hätte ich dich nie gesehen. Ich wäre ewig ein Kind geblieben, ohne Bewußtseyn von mir, ohne Schmerz und Freude; wie diese Blumen, wäre ich gewiß früh zur Erde hinabgesunken. Aber du hättest Emilien einzig gekannt, hättest sie geliebt: die jungfräuliche Braut, an die kein andrer Rechte hat und hatte, hieltest du jetzt umschlungen, dir von der Natur gegeben, deren heilige Bande meine Liebe kränkt. O hätte ich dich auch nie gekannt, ich würde dennoch jetzt Empfindung davon haben, wie Ahnung würde es durch mein Gebein zittern, schmerzlich und froh, und mein Leben würde vergehn.

Gestern Abend hatte ich deinen Brief empfangen, als ich zu Hause kam von meinen Aeltern. Ich blieb noch auf und stand lange am Fenster in tausend Gedanken. Der Mond umwebte die Masten, und sein Schein funkelte ferner hin auf den Rand aller Wellen, zitternde Silberfunken deckten die weite Meeresfläche. Der

Traum setzte mein Wachen fort, mir däuchte, ich stände wieder eben so am Fenster, und blickte hinaus in die See; auf einem kleinen Boot ganz von fern erschien auf einmal dein Albert, und kam immer näher, und winkte mit einem deiner Briefe nach meinem Fenster. Plötzlich hörte ich Hurra rufen, ein großes Schiff lief ein, und alle andre machten ihm Platz, Bahn bis dicht am Quai. Viele Menschen standen am Strande, sie schienen Verwandte der Ankommenden; du warest unter ihnen; da wurde die Leiter ausgelegt, und die Gräfin und deine Schwester mit Emilie stiegen aus, du gingest ihnen entgegen und umarmtest Emilie, mit einem Ruf der Freude nanntest du ihren Namen. Ich erwachte, ich hörte noch: „Emilie!“ Ich mußte unaussprechlich weinen, ich konnte nicht im Bette bleiben, ich lief an das Fenster, als ob ich dort sehen würde, was mir das Gebein durchschütterte; aber ohne Getümmel lag der Quai, die Segel wie weiße Flügel im Mondenschein: die ganze Nacht habe ich mit dem Traum gekämpft. Wenn du mich nicht mehr liebtest, ich würde dich doppelt lieben, für uns beide.

34.

Der Fluch, der von mir ausgeht, legt sich dumpf über die Freude der Meinigen, meine Qual ist wie ein böser Geist, sie fühlen die dunkle Nähe und kennen sie nicht. Ich kann das ja! nicht über meine zitternde Lippen bringen, wenn sie fragen, ob ich mich freute über seine Ankunft? Ich schaudre, es reißt ein Angstgeschrei sich los.

Du! du! ich sehe dich, ich umklammre dich, ich fühle dich wieder, und gehe mit dir, Einziger aller Menschen, in Klarheit durch grüne Auen. Die Gräser sind mit Flammen, Thauperlen geschmückt, dein Athem säuselt voraus in die Lüfte, die stillen Wolken ziehn über uns, ich sehe den Himmel und fühle dein Wesen und den Wechsel deiner Geistesgedanken in dem stillen hohen Wolkenzuge. Die Welt ist wie fern entschwunden, und Vogelgesang und alle Töne kommen leise und träumend von weitem, ich habe sie, und weiß doch nicht von ihnen, weiß nur von dir und deiner Nähe.

Dann seh' ich um mich: alle stehn betreten oder bekümmert; die Wirklichkeit nimmt ihr Recht zurück; sie haben mich geboren und erzogen, aus ihnen bin ich hervorgegangen, mein Wesen ist von ihren Gedanken, sie lieben mich, sind glücklich, ich fühle das Herz innig voll Liebe und Dank, und Glück, Liebe, Dank muß ich zertrümmern. Mir schaudert, der Himmel wird schwarz, Stimmen heulen auf aus den empörten Wellen des Stromes, Stürme jagen mich peitschend, ich stampfe den Boden, als könnte ein Abgrund sich öffnen und mich verschlingen. Eugen! Geliebter! geliebter Mann!

35.

Der Schleier ist zerrissen; du hast das Schreckliche ausgesprochen, was wir uns gern auf ewig geleugnet hätten; es lag schwül auf unsrer Liebe; dumpf hat es mich geschreckt, wenn ich über deine Schwelle treten wollte; unter dem blauen Himmel, wenn ich überselig meine Arme um dich schlang, ist es wie eine strafende Stimme durch die Bäume gekommen. Aber die allmächtige Liebe entkräftete, beschwichtigte Alles: nun sind wir zwiefach elend.

Regina, ich muß schnell zu dir: ich werde morgen die Geschäfte ohne besondern Nachtheil für meine Schwester hier abbrechen können; ich muß dich noch schauen, noch an mein Herz drükken, ehe Er kommt, der Unbekannte, der Schreckliche: in deinen Küssen will ich vorher Muth einathmen, um es ansehn zu können, daß seine Lippen auf meinem blühenden Eigenthum schwelgen.

O Geliebte, verhülle deine ganze Gestalt, trage immerdar einen Schleier über dem Gesicht, rede nur, wenn wir beide allein sind, schaue niemand an, als mich; und wenn er gleich dein Mann ist, unter einem Dache mit dir wohnet: so wisse er nicht mehr von dir, als jeder Fremde.

Regina, ich muß dich über seine Schwelle fortreissen, in die Welt hinaus, wo unsre Liebe von keiner Fessel gedrückt wird. Es ist ihrer unwerth, sich zu verbergen. Sie war ein schönes Geheimniß, so lange sie niemand scheute; aber sie soll frei hervorgehn, sobald sie irgend jemand zu fürchten hat.

Mich verfolgen wilde Träume, und ich küsse in der Angst mit Thränen deine Briefe. In diesem Augenblick landet er vielleicht; nun hebt er die Augen zu deinen Fenstern, und du darfst nicht säumen, ihn mit dem wehenden Tuche zu begrüßen; nun stürzt er mit seinem Gefolge über den breiten Steinweg, und du mußt die Stufen hinabeilen, die ich so oft selig auf- und niederstieg; hinab zu ihm, entgegen ihm, in seine Arme! Gott, und du zitterst bleich, du sinkest nieder, ehe du ihn erreichst. Er glaubt dich von Freude überwältigt, und es ist von Qual des Todes.

Arme Regina, holdes, unglückliches Weib, fasse nur Muth für dich, sorge nicht um mich, mir ist wohl, wird wohl werden; und ich will dich in alle Himmel mit mir tragen, oder werde stumm scheiden, ohne Seufzer, und nie wieder durch meine Nähe deine Ruhe stören; glaube mir, ich werde scheiden von dir und fortleben.

Glaube mir nicht: deine Thränen brennen auf meiner Seele, aber der Gedanke, daß du mir entsagt hättest, ohne daß dir zugleich das Herz bräche, würde mein Daseyn vergiften. Lieber mag dein Herz brechen, als treulos fortschlagen.

Es brütet eine Angst, es sticht ein brennender Schmerz in meinen Gebeinen, in meinen Adern, daß ich hundert Hände haben mögte, um mir allenthalben das Leben zusammenzupressen. Ich werde keinen Athem wieder gewinnen, als bis ich bei dir bin. In langen Zügen will ich da noch einmal den Himmel trinken, o in Zügen, daß ich für eine Ewigkeit genug habe. Für eine Ewigkeit?

Daß ich ein Sturm wäre, und die alte Linde ausreissen, in einen Abgrund schleudern könnte. Da nickt sie mit ihren Zweigen freundlich auf mich herab, wie vorher, und die goldblauen Streifen der Wolken spielen so freudig durch ihr Laub, als wäre es noch ganz bei der alten Seligkeit. Wißt ihr denn nicht, daß das Gewölbe des Himmels über uns zusammenbricht? daß die Qualen der Unterwelt heraufzischen, um alles Schöne und Frische auf Erden zu zerstören? und habt ihr kein Mitleid mit mir?

36.

Ich habe dich wieder, diese Augen haben dich gesehen, auf diesen Lippen, die dir zurufen, was meine zitternde Hände sich weigern nachzuschreiben, haben deine Küsse geglüht. Lieber! Lieber!

Du weilst wol jetzt unter meinem Fenster, und todt liegt mein Haus, die weissen Vorhänge decken unbeweglich die Fenster, ich bin nicht dort: kannst du mißdeuten, daß ich nicht erschien! Hier in dem Zimmer meiner Kindheit, wo ich schon tausend Freuden und Leiden von dir empfunden, lieg' ich auf meinen Knieen vor dem Sessel neben meinem Bett und schreibe dir. Geister reissen mein Inneres in Worten, in Buchstaben, in Geberden aus mir heraus zu dir. Meine Nerven wollen zerspringen! es war nur ein Augenblick; nun hab' ich überwunden, hab' ich Kraft für deine Blicke, deine Küsse. Wie ich saß und dachte an deine Entfernung, sehnlich und schaudernd an den Augenblick deiner Rückkehr, alle vergangne Lebensstunden, die herausschossen wie

Blüten an dem Stamm deiner Liebe, bis giftig kalt um sie aus der Tiefe ein Nebel aufstieg. Meine Seele ächzte, daß sie nicht beisammen seyn sollten! Da kamen Fußtritte durch die Büsche, da standest du, Bilder versanken, Gedanken verloren sich, ein tiefer Zug aus deinen Augen sog all' mein Leben in die Blicke, und deine Stralen verzehrten es, die Lippen lechzten, Eugen!

Ich konnte mich halten, ich konnte dich hören, dir nicht entgegenfliegen, nicht dich umklammern. Aber als einer nach dem Andren sich entfernte, die Mutter das Haus zu beschicken, die Schwestern mit ihren Freundinnen in Gesprächen, die Brüder fort, wir allein, um uns des Laubes verschwiegenes Rauschen; lange gegenüber, ohne uns zu umschlingen, unbeweglich hielt uns Furcht; o sie muß ein mächtiger Instinkt seyn. Dann zitternd, glühend, thränend, Brust an Brust, Athem in Athem; mir war, als sänk', als sänk' ich, und sank in seliges Vergehen.

Engel des Todes, du, du hast mich geküßt; Bote vom Himmel, Eugen! mein Eugen, du bist es, nimm meine Seele, quäle uns nicht länger, lüfte den Schleier, nimm mich mit dir hinauf, unzertrennlich!

Als du fort eiltest, nicht mehr bleiben wolltest, keinen sehn von den Meinigen: ich stand, sah dir nach, der Blick hielt mein Leben, ich sah dich verschwinden, graues dumpfes Brausen umlagerte mich, meine Sehnen zuckten. Die Schwestern kamen: sie sagen, ich hätte starr gestanden, ohne Gehör und Gefühl. Sie haben mich nicht fortgelassen. Schicke deinen Knaben hieher den Fluß entlang, ich bin wohl: morgen werde ich in dem Garten seyn, ich werde wohl seyn.

37.

Ueber die Berge kam ich zurück, ohne Besonnenheit, als den Gedanken, dir immer näher, näher. Endlich sah ich meine Gegend, mein Haus; ich fliege in mein Zimmer, mich schnell umzukleiden. Da sehe ich den Brief, den du geschrieben an meinem Tische, auf meinem Sessel. Gott, ich konnte nichts denken, als, sie ist hier gewesen, und meine Augen waren dämmernd vor Freude, daß ich lange vergeblich versuchte, deine theuren Zeilen weiter zu lesen. Alles habe ich dann in meiner Umgebung beschauen müssen, als wäre es neu, mir unbekannt, und doch bekannter als jemals. Da kam Alberts kleine Schwester den Hof herauf. Ich winkte ihr. Sie mußte mir jede Kleinigkeit von deiner Gegenwart erzählen, und wie oft ich dasselbe fragen mogte, ward sie nicht ungeduldig.

Herrliches, angebetetes Weib, deine Sprache ist die Liebe selbst; ich berausche mich in ihr, meine Nerven beben klangvoll von ihr, wie goldene Sonnenpfeile durchglühen deine Worte das innerste Leben, und senken sich in die Seele, wie Bienen in Blumenkelche.

Ich kann sie nicht unterscheiden von deinen Küssen, deinen Blicken. Alles geht durcheinander, ich weiß nur, daß Alles von dir kommt, alles Liebe ist, und meine Seligkeit, mein Schmerz.

Es ist eine Zeit der Gewalt gekommen, vor welcher das Menschenwesen erliegen soll. Die Naturen sollen befreit werden von der Versteinerung durch Gesetze, durch Gesellschaft. Ich habe es nie heftiger empfunden, als wie ich aus dem Nachen auf euren Garten trat, und dies Gefühl sollte der Jubel seyn, womit ich dich begrüßen wollte. Da sehe ich dich unter vielen in der Laube; die Erde schwankte unter mir, mein Athem versiegte. Noch hatte mich niemand erblickt, einen Augenblick war ich entschlossen, zurückzugehn. Aber du schlägst die Augen auf, schaust, erblassest. Hastig mußte ich nun in die Laube treten, und alle begrüßte ich früher, als dich, Himmlische.

Alle fragten mich viel nach meiner Reise, du kein Wörtchen. Diese Stille in dir war mir gleich einer unergründlichen Tiefe voll heiliger Lüfte und Flammen. Ich stürmte jeden Augenblick mit meinem ganzen Seyn in sie hinab, aus ihr herauf, und sollte gleichgültige Antworten geben. Es war qualvoll, und doch hätte ich um Alles nicht von der Stelle weichen mögen.

Als du dich auf kurze Zeit entferntest, konnte ich keine Sylbe mehr sagen, auch meine Sprache war dir nachgezogen. Indem ich so gänzlich verstummte, wandte sich die verehrte Mutter zu mir, und erzählte mir mit gutmüthiger Freude, daß man jeden Tag die Rückkehr deines Mannes erwarte; und mein Bewußtseyn war vom Donner geweckt. Ich weiß nicht, ob ich geantwortet habe, deine schöne Gestalt kam säuselnd wieder heran, und ich versank von neuem in die geistige, unergründliche Stille deines Wesens an diesem Tage.

Deine Küsse fahren wie allmächtige Blitze aus der Tiefe hervor. Hast du an meiner Brust gelegen? oder war alles ein Traum? hat mich ein Nachen getragen, der zwischen Himmel und Hölle schwankte?

38.

Im Hause meiner Aeltern bin ich diesen Morgen erwacht, über den Garten hinweg sah ich die Luft, und am äußersten Horizont schwebte der graue Nebel vor dem lichten Blau, der mir so oft in den Kindheitstagen der frohe Bote eines sonnenwarmen Tages zu einer Landparthie war. Dann ging ich hinab in den Garten, mit den Meinigen zu frühstücken, ich sah wieder meine treffliche Mutter, wie sie mit heitrer Ruh die Geschäfte des Tages vertheilte. Sie hält so fest, was Recht für Andre ist, als was es für sie ist, und fordert es mild und bestimmt, weil der Gedanke einer Zwecklosigkeit oder Verwirrung in ihrem Hausstande ihr das helle Bild desselben rauben würde, ohne welches sie nicht freudig leben könnte. Mit zärtlicher Sorge war sie um mich bekümmert, und doch mit Zuversicht zu mir, die mich von ihr entfernte. Meines Vaters Bekümmerniß wird immer Ungeduld, er war auffahrend gegen alles, was ihm nahe kam. Die jüngeren Geschwister fühlten die veränderte Stimmung, und eine Unbehaglichkeit, der sie sich so schnell als möglich entzogen, die älteren saßen in Gedanken. Es wollte kein Gespräch aufkommen: der Vater schalt über die Entfernung der Kleinen, und entfernte sich gleichfalls. Und in mir drei Gedanken, du, das, was mich umgab, der, den ich erwarte; jeder fällt an mein Herz und zerreißt es, und ich suche die Einsamkeit, daß ich es ihnen nicht entziehe. O es war nie so im Hause meiner Aeltern. Geliebter Eugen, wie beneid' ich den Baum vor deinem Fenster, der in schuldloser Freiheit dir seine Schatten giebt, seine Früchte; er thut den Brüdern des Waldes nicht weh, er verläßt dich nie, er keimt nur

auf

auf deinem Boden, dein ist der Saft, der seine Zweige treibt, sein Rauschen, seine Grüne von dir. Ich hab: ein natürliches Leben, ich bin dein, edler als er, aus Bewußtseyn, aus Ueberzeugung, und mich quälen fremde Sorgen; ach sie sind deiner Liebe so verwandt.

Die Glut ist drückend, schwere weisse Wolken thürmen sich aus dem grauen Nebeldunst der Ferne herauf, grau entwallt der Strom, bald wird dein Bote kommen, o daß ich bei dir wäre, im Gewitter wolltest du mich halten. Im Gewitter will ich dich halten, aller Aufruhr der Natur um uns, und ich fühle nur dich.

Da kommen die Ruderschläge, da ist der Nachen, er zieht den hellen Streif durch die Flut: Eugen, ich will zu dir; man denkt, ich sey zurück nach meinem Hause; ich will zu dir.

Hier sitz' ich im Nachen, das Ufergestrüpp hängt zu beiden Seiten dunkel in die Flut, die Wolken kommen immer höher, das Schweigen erwartet den Aufruhr der Natur, ich komme, ich komme im Sturm. Dein Knabe sieht mich an, wie ich dich liebe; er freut sich, daß er mich zu dir bringt, die Bilder deiner Freude gehen über sein Gesicht, und er beruhigt mich, als ob ich Furcht hätte, wenn das Wetter auch heraufkommen sollte, er habe Kraft, den Nachen zu lenken. Ich muß dir schreiben, du sollst jeden Gedanken haben meiner Liebe, die Gedanken meiner Liebe sollen dich haben. Es donnert schon dumpf in der Ferne. Bald, bald; weilet ihr, Wolken, nicht hernieder, Blitz, bis mein Herz an seiner Brust zuckt, dann zucke Flamme vom Himmel, dann Liebesdonner herab in die seligen Tiefen der Erde.

39.

Find' ich dich nicht mehr? nicht an diesem Fenster, wo dein Auge stralte von der Pracht des Gewitters und von flammender Liebe? nicht in diesem Sessel, wo ich über dich gebogen das Feuer deiner Lippen sog, indem Blitze durch die Kammer zuckten? nicht auf diesem purpurrothen Ruhebette, wo du hinsankst mit wollustfeuchten Augen, als draussen sich der Sturm in milden Regen löste? ach, worauf ich immer wieder hinstürze, das ich mit Küssen bedecke, allenthalben, wo ich den Druck deiner süßen Glieder wahrnehme?

Horch, melodisch hallen fern noch die Wolken, schmelzende Töne kommen aus den Büschen, alle Grashalme thränen von der innern Lust. Wo ist deine Lilienbrust? deine blendende Schulter? Reiche mir deine Lippen, daß ich auf ihnen vergehe. So müssen wir sterben, sterben. Alle Freude, aller Schmerz ist fortan schaal und nichtig.

Durft' ich nicht mit in deinen Nachen? was fürchten wir nach solchen Stunden? Der Regenbogen spannt sich über den Strom, und hätte uns beide in seinen Friedensschutz genommen. Säße ich neben dir auf den Wellen, deren aufgeregte Tiefe sich in üppige Ruhe verliert! drückte ich nur noch einmal deine Hände, die sich selig in den Schooß gelegt haben! Du giebst mir in jeder Freude überströmende Fülle, und jede hinterläßt lechzenden Durst nach solchen Ewigkeiten, als sie ein Augenblick ist.

Eine Stralenwolke umschwillt dich in dem Nachen, alles Farbenspiel des Regenbogens gießt sich auf deinen Sitz, unser schöner Stern gleitet hinter dir her auf dem Wasser, aus der feuchten Tiefe steigen Säulen von goldenen Funken auf, und schimmern an die Lillaseide deines Schooßes. Alles drängt sich zu deiner Schöne; und die Fischer und Hirten staunen am Strande über die stralende Erscheinung.

Bist du mein? und haben diese Arme mich umschlungen? Wißt es, Geister der Höhe und der Tiefen, und du der Sterblichen Geschlecht, Alles das ist mein, und eure Kräfte, eure Satzungen sollen es mir nicht rauben. Niemand von euch würde es möglich glauben, der uns belauscht hätte in diesen heiligen Stunden, deren Seligkeit die Natur mit ihrer aufgewühlten Pracht gefeiert hat.

Ah, da kommt ein Athemzug zu mir durch die duftende Luft, und geht durch meine Gebeine mit säuselnder Wonne. Dein Athem ist es, Regina, und ich halte dich, und küsse dir die Wange wieder glühender. Kein Zephyr soll sie kühlen: es ist meine Glut, die auf ihr thront; ohne meinen Willen dürfen meine Küsse nicht hinweggenommen werden.

Nie warst du so schön, Geliebte. Die höchste Schönheit ist da, wo die höchste Liebe ist. Nach diesen Stunden, was wollen wir noch bei dem Geschlecht der Irrdischen? was tragen dich die Bretter wieder unter ein drückendes, wirthliches Dach? Hinab mit mir in die wundervolle dunkelblaue Tiefe, oder hinauf in den Abend-

Himmel, daß wir alles Gewölk nur mit den Füßen berühren.

40.

Es war nicht Furcht vor Menschen, daß ich dich bat zurückzukehren an dem Ufer des Stroms, ich mußte allein seyn. Wie der Aufruhr die tiefsten Kräfte der Natur aufgewühlt, so habe ich im Sturm die Tiefen meiner Seele empfunden; von dem Augenblick, wo ich in dein Zimmer trat, du mich in die Arme schlossest mit einem Ruf der Freude, wo alle Geister deiner frohen und trüben Stunden auf mich eindrangen von allen Wänden, und in deinem Ruf zu mir sprachen: du, seine erste wahrhafte Freude, du bleib ihm! An deinem Fenster, wie der Sturm die Wipfel in Verwirrung durcheinander riß, und der Regen wie ein grauer Geist aus dem Strom herauf zum Himmel stieg, vom Himmel sich zurück in den Strom senkte, und die Ferne verhüllte, du mich in deine Arme schlossest, aus deinem Herzen ein glühender Stral in meine Brust fuhr, ich hörte nicht den Donner, ich sah nicht den Blitz, ich sah nur deine, deine Augen vor mir, über mich! Da drücktest du mich heftiger an deine Brust, nanntest mich dein Weib! hier sollt' ich mit dir wohnen, hier mit dir, bei Aufgang und Niedergang! Ich hörte wieder, ich hörte dich und den Donner, der in der Ferne verrollte. Ja ich bin dein! die Natur selbst ist nur um uns, wir könnten leben ohne sie; seit ich so, ach wie oft, so, in deine Augen vergangen bin, und im Vergehen mein Leben nur seliger fühlte, weiß ich es; außer der Schöpfung würde unsre Liebe leben! So lieb' ich dich, so sollte ich dir auch geben, was die Liebe zu geben vermag; ich wünsche es, und kann es dennoch nicht. Es muß etwas seyn über der Schöpfung, aus dem sie, aus dem wir hervorgegangen sind, und alles, was die Menschen Gesetz nennen;

das uns mit diesem verbindet, so daß wir uns zerstörten, wenn wir dagegen handelten.

Ich habe es empfunden, wie ich in dem Kahn saß, und er still den rosigen Strom hinabglitt. Von den Uferwiesen stieg ein blauer Nebel auf, zuweilen fuhr eine leichte Luft über die Bäume, sie schauderten leise, und Tropfen sanken nieder, und über meine Seele strichen Erinnerungen, ich schauderte vor Wonne, und Thränen strömten über die Glut deiner Küsse. Dein Knabe sang deine Lieder, die geliebten Melodien schwirrten wie Genien auf der Fläche, ich kam von dir, aus deinen Armen! mein Geliebter! mein Gemahl!

41.

Je enger die Nacht sich zusammenzog, je weniger konnte ich die Seligkeit des Tages und das Weh der Sehnsucht ertragen. Tausendmal sagte ich mir, daß du längst vom Garten der Aeltern umfangen, wol vom Schlummer umwoben seiest. Ich mußte in der Nacht noch wieder hinaus an die Stelle, wo du den Nachen bestiegst; du konntest, du solltest mir nicht entschwunden seyn.

Die Nacht war nach dem Gewitter herbstlich und schauerich; die Wipfel der Bäume, die Wogen seufzten; von den Zweigen tröpfelte es mit einem kläglichen Ton, und selbst unser schöner Stern, das reine Stralenbild unsrer Liebe, mußte sich von grauen, schmutzigen Wolken schlagen lassen.

Aber dir ging meine Seele nach auf dem Strom, und die Nachklänge der Wollust hallten muthig durch die schauerliche Regsamkeit der Natur. Da vernehme ich ein zischendes Brausen, das immer näher kommt, und eine dunkle Ahndung verschlingt alles Licht meiner Seele. Der Wind reißt hörbar in einem Segel, in Schiffstauen; einzelne unstäte Flimmer werden auf dem Strom hergetragen; wie eine düstre Wolke bewegt sich ein großes Schiff heran. Todesangst ergreift mich, als würde ein Sturm die Bretterlast auf mich schleudern. Zischend und rasselnd zieht sie bei mir vorüber. Regina! Regina! war es dein Mann, der so schauerlich nahte?

Mein Kopf brennt, meine Glieder zucken, ich wage nicht mehr die Stellen zu sehn, zu küssen, wo du ruhtest, und wie eine Todtenkammer ist dieser Raum, wo kaum das höchste Leben, die trunkenste Liebe sich ausströmten.

42.

Was wir fürchteten, ist da, mein Mann ist angekommen, die vergessene Gestalt bewegt sich wieder heimisch durch diese Zimmer. Eugen! Geliebter! meine Brust ist gepreßt, ich kann die Thränen nicht zurückhalten: ich bin zusammengeschaudert, und konnte es nicht erwehren, als er mich küßte. Eugen, fühle das, fühle diese Schmerzen! Er schläft, und ich hintergehe seine arglose Ruh, dir zu schreiben benutze ich sie. Kalte Qual hält mein Herz, ich ringe die Hände, ach vergebens, Geliebter! Geliebter!

So friedlich ruhte die Natur; vom Gewitter war nur ein weißlicher Wolkenstreif am Himmel zurückgeblieben, und heiter wandelte der Abendstern darauf seine Bahnen. Ich schlummerte still, und als ich erwachte ....

Es kann nicht so bleiben, ein Entschluß muß diesem Schwanken ein Ende machen. Heute Abend sind wir bei meinen Aeltern, dort will ich erklären, wie ich dich liebe, unsre Liebe soll kein Geheimniß mehr seyn. Wenn ich denke: die Stunde wird kommen, wo auch das vorüber ist, dann werde ich dich mein nennen! Mein Herz sollte jubeln, aber es wird nie wieder froh, ich fühle den Tod darin.

43.

Mit Freude höre ich deinen Entschluß, Geliebte! Diese Wahrheit in dir ist es, wodurch die Leidenschaft göttlich wird, und ein ewiges Licht in ihren Stürmen aufgeht. Bekenne deine Liebe für mich, wiewol sie Gesetz und das Urtheil der Deinigen verdammen. Aller Schleier muß zerrissen seyn. Ich habe Muth, für einen Verbrecher gehalten zu werden, und mit der bürgerlichen Ordnung zu kämpfen; nicht, irgend wen zu betrügen. Durch Flammen, unter einstürzenden Trümmern, von der Welt verfolgt, will ich dich inbrünstig in meinem Arm tragen; aber ich wäre zu feig, dich zu umfangen, wenn ich Einen Blick von dir gesehn hätte, wodurch dein Mann in dem Wahn erhalten würde, als hätte das Gesetz ihm auch dein Herz gegeben.

Die menschliche Gesellschaft ist mir ehrwürdig. Ihr verdanken wir es, daß wir mit Selbstbewußtseyn unser Gesicht zum Himmel wenden. Sie muß jedes Vergehn gegen ihre Einrichtungen wachsam verfolgen, denn wie das Bedürfniß sie entstehen hieß, wird sie nur durch Zwang erhalten. Aber nie dürfen wir vergessen, daß die Gesellschaft nur Mittel ist, nur eine Anstalt, in welcher jedes Individuum nach seiner eigenthümlichen Natur sich ausbilden soll. Treibt nun diese ihre heiligste Kraft über die Schranken der Gesellschaft hinaus: so mag sie befeindet, aber nicht verdammt werden. Krieg ist da, aber kein Laster; und nur dadurch, daß das Individuum seine ursprünglichen Rechte an sich reißt wider den Willen der Gesellschaft, wird diese gezwungen, sich einen vollkommneren Zustand zu geben.

Unsere Seelen fanden sich, und wissen, daß nur sie eine wahrhafte Ehe mit einander stiften können. Und dies sollte nicht geschehn, weil du ein zartes Mädchen, noch unbegrüßt von der Liebe, in das Haus eines Mannes geführt wurdest, mit welchem für dich die bürgerliche Ordnung eine Ehe abschloß? Bei Gott, ein reines flammendes Herz ist größer als das Gesetz; heißt es Empörung, was es wider dieses treiben mag, so ist es eine heilige, und der Krieg wider die Gesellschaft ist seine Pflicht: ihm ist besser, in demselben ganz mit seinem Seyn vernichtet zu werden, als sich dem Gesetz matt zu untergeben, und langsam auszutrocknen, zu verfaulen.

Wer den Kopf schüttelt, und fragt: was aus den Ehen werden solle, wenn angenommen würde, daß, einem Hange des Herzens zu gefallen, diese wichtige bürgerliche Verbindung beleidigt werden dürfe? der wisse, daß es selten eine Leidenschaft giebt, die kühn wider die Gesellschaft auftritt, daß gegen den Fall, da sie erscheint, zehn tausend Begierden insgeheim der Ehen

Recht zerfressen, und sich mit demselben scheinbar vertragen. Diesem lüsternen Laster schlagt auf den Kopf, es unterwühlt die Grundlage der Gesellschaft, und scheint mit ihr befreundet; für den geringsten Titel eurer Gesetze, der verletzt wird, kann es euch keinen Ersatz geben.

Unsre Liebe ist Tugend. Aber ich will für sie keine Schonung der Gesellschaft, denn diese muß unser Feind seyn. Nur Stirn gegen Stirn! Waffen gegen Waffen!

Feig wird die Liebe, wenn sie sich Täuschungen zu Schulden kommen läßt, wird unglücklich mitten im Genuß, weil sie sich selbst sagt, daß sie kein ewiges Leben wider irrdische Macht vertheidige.

Nimm meine Hand, Regina! Komm an meine Brust! laß uns vor deinen Aeltern stehn, vor deinem Mann, und sagen, was wir fühlen, was wir thaten, was wir wollen.

44.

Meine Mutter wird dir diesen Brief senden, nimm ihn aus ihren Händen, er ist mein Wort des Abschieds. Unsre Liebe braucht die heiligen Namen Natur, Aeltern, Gesetz nicht mehr zu scheuen, aber sie ist ohne Hoffnung in mir.

Eugen! Geliebter, ewig einzig werde ich dein seyn, dein Weib nimmer. Ich habe Muth, deine Liebe vor aller Welt zu bekennen, aber kein fremdes Glück kann ich ihr aufopfern. Als ich es wollte, war sie mir wie entschwunden, und ich erkannte in meinem Herzen, daß sie nichts ist in mir, wie die innigste Harmonie aller Gedanken und Gefühle, des Bewußtseyns, die tiefste Kraft des Strebens nach immer höherer Harmonie und Vollendung. Ich kann dir nicht gehören, ohne sie zu verletzen: die Liebe zu erhalten, muß ich dich aufgeben. Mein Herz ist zerrissen von unaussprechlichem Schmerz. Du! wie wirst du es tragen? O ich weiß es, mit Kraft, als eine Nothwendigkeit: ich sehe dich,

ich sehe dein Leiden. Eugen, ich liebe, empfinde dich mehr als je, unvergänglich. O es muß seyn! wenn ich der Nothwendigkeit nicht mein Glück zum Opfer bringe: tödte ich es in mir; sie hat es gefordert, nur sie kann es mir erhalten.

Die alten Tage können nicht wieder beginnen, in der Natur ist kein Stillstand, kein Rückschreiten: sie haben meinen Geist gereift, ihr Thun ist vollbracht, sie sind vergangen.

Verlasse mich, verlasse diesen Ort, ich beschwöre dich bei unsrer Ruh und Liebe, in deiner Nähe hätte ich nicht Kraft für meine Erkenntniß. Die Leidenschaft würde mich überwältigen, mich zu dir reissen, an deine Brust würde ich stürmen: alles zertrümmernd, was mir heilig wäre, würde ich in einem Augenblick unser Leben zerstören, und dann in matter Nachreu hinsterben, oder mich vernichten.

Ach Eugen! es wühlen noch immer Möglichkeiten in meiner Brust auf und ab, aber wenn ich dann denke, daß ich dir Fluch und Thränen brächte, statt des Friedens der Natur, ein schuldzerwühltes Herz ahne, dann bist du mir wie entrückt, unser Bund zerstört; es ist unmöglich; ich fühle, ich fühle, nur Trennung kann dich mir erhalten.

Nicht mein Gemahl hat diesen Entschluß veranlaßt, seine Nähe, der neue Eindruck seines Wesens erweckt meiner Liebe keine Reue, das Feuer seiner kleinen schwarzen Augen, die Röthe seines Gesichts, die Lebhaftigkeit seiner Bewegungen, die kleine Gestalt, die Thätigkeit reißt mit unaufhörlichen Qualen durch meine Natur. Ich habe nicht Zutrauen zu ihm gewinnen können, ihm meine Liebe zu offenbaren, und das Verhältniß zu bestimmen, in welchem ich mit ihm leben kann; meine Mutter hat es übernommen.

Die Zeit kommt und führt Verhältnisse herbei, Verhältnisse erzeugen Gedanken, Gedanken erklären Früheres, und schaffen und zerstören. Seine Ankunft war Veranlassung, daß aus den Tiefen unsres Innern unsre Liebe hervorgriff in

Menschenverbindungen, daß meine Aeltern offenbarten, wie sie über Bande und Eintracht der Familien denken, ihre Glückseligkeit, ihren Stolz auf den alten Ruhm unbefleckter Sitte und Rechtlichkeit bei unsrem Namen; und das alles in dem Augenblick, da ich unter sie treten wollte mit dem Geständniß unsrer Verbindung.

Ich habe den schrecklichsten Kampf gekämpft: ich ehre ihre Gefühle, meine Liebe ist unzertrennlich verbunden mit dem, was ich darin ehre, ist es selbst, jede bessere Kraft in mir ist aus ihren Empfindungen hervorgegangen, und nun soll ich sie zerreißen. Das Gesetz steht nicht zwischen uns, aber meine Natur. Ich habe mein Herz erkannt, aller Muth aber war verschwunden. Da sah meine Mutter mich an mit ihren festen blauen Augen, ich zog sie in einen Seitengang, und in der Laube, wo ich dich gesehen, habe ich ihr jeden Augenblick unsrer Liebe bekannt. Sie nimmt sich meiner an: nimm mein letztes Wort zum Abschied durch sie. Geliebter! ich kann nicht schließen, soll es das letzte seyn bis zum Grabe?

Werd' ich es ertragen? Ich ringe in Verzweiflung, ich schlage an meine Brust; o daß die heisse Quelle herausströmte, daß alles Leben hinströmte zum Grabe.

Eugen! liebe mich, vergiß mich nicht, wie ich dich nie vergessen werde, jeden Augenblick meines Lebens um dich seyn werde, mit Sinn und Gedanken. Nur den Trost laß mir, daß in der Freude du zurückdenken willst an eine Seele, die deine Freude tiefer, glühender empfindet, und im Kummer an sie, die deinen Kummer zwiefach trägt. Lebe wohl! lebe wohl! ich kann nicht weiter. Eugen! mein, unauflöslich mein Eugen!

45.

Du hast schrecklich entschieden, zu meinem unendlichen Schmerz; aber ich klage nicht. Morgen verlasse ich diese Gegend, du sollst keinen Laut wieder von mir hören, meine Gestalt soll dir nie wieder im Leben begegnen. Ich wäre ein Ungeheuer, wenn ich durch irgend etwas dein Ringen nach Frieden erschwerte.

Unglückliche Regina! ewig Geliebte! in der Stunde der Entscheidung hatte dich ein gräßlicher Irrthum überfallen. Ist die Natur, die uns allen gesellschaftlichen Verhältnissen mit unsrer Leidenschaft entgegenstellte, einerlei mit deiner Natur? und selbst diese, war sie wirklich die Schwäche, womit du die Rechte der geheiligten Liebe vergabest?

Für diese Welt hast du sie vergeben. Das steht schauerlich bestimmt vor mir: davon kann kein Gott erlösen. Aber auch keine Macht kann in dir vertilgen, was ich dir war, kann mir dein schönes Seyn vernichten, das in alle meine Sinne, mein Gefühl, mein Wissen und Trachten übergegangen ist. Ich werde dich ewig in meinem Arm halten und mit glühenden Küssen bedecken, mit dir will ich die Welt genießen, mit dir reden, fühlen, denken, ich will voll seligen Jubels mit dir seyn, und nur bisweilen die Erde stampfen und knirschen: ach, es wäre doch ganz anders, wenn das Wirklichkeit wäre.

Eines erhebt mich. Ich weiß, in welcher Gefahr, unter welchen Ansprüchen du stündlich lebtest, nimmer wirst du Gaben verleihn, die einzig der Liebe gehören; du wirst nicht freveln gegen sie, du konntest nur ihrem Glücke durch einen gutmüthigen Wahn entsagen.

Geliebtes, holdseliges Weib! warst du auf diesem Zimmer, das ich auf immer verlassen will? hat dein Bild in diesem Spiegel geschwebt? hast du hier an meiner Brust geruht?

O Gott, hier war alles belebt, und nun ist alles todt.

Dämmernd schreitet der Abend die Hügel hinauf; sein schöner Stern, unser Stern empfängt ihn oben; auf einem sanft grünen Strich des Himmels steigen dunkelblaue und goldene Wolkenbilder auf, und verziehen sich in die düstern Wipfel des Waldes. Ach, Regina, und deine Gestalt geht blaß, thränend durch die Wolken, und wendet sich abwärts von mir!

Dieser Tag gehört ja noch der Liebe, die Scheidung hat ihr trauriges Recht. Laß mich noch von der Natur mit dir reden, wie sonst, laß mich den letzten Tropfen Leben schlürfen, ehe die Todesstunde schlägt, laß mich wähnen, daß Albert dort oben bei dem Abendstern vorüber komme, mit einem Briefe von dir, der mich einladet, morgen früh im Garten deiner Aeltern zu landen, der allem Schicksal Hohn spricht, das unser Leben trennen will. O Thränen, Thränen, sie sind da, nach denen mich gelechzt hat. Lebe wohl, Regina! mir ist innig wohl.

Blätter der Liebe.

Zweites Buch.

I.

Bis tief in die Nacht habe ich an dem Fenster gesessen und nach deinen Bergen gesehen. Schwarze Wolken flogen vorüber an dem Mond, bald waren die Höhen beleuchtet, bald verschlang sie die Nacht. Dort wandelst du, o Gott ... in welchen seligen Träumen vielleicht ... konnte ich den Entschluß fassen. Ich bin in starre Dumpfheit geschmiedet; wenn meine Seele sich regt, so ist es im Entsetzen.

Diesen Morgen bin ich erwacht, die Sonne schien noch Leben; noch bist du mir nah. Ich athmete mit Entzücken den Gedanken, dann dacht' ich an die Pein, zu welcher der Tag dich erweckt, o hätte ihn ewige Nacht begraben. Nun ist es vorüber, der Mittag ist gekommen, du hast den Sturm überstanden.

Kann schwacher Gliederbau solche Qual ertragen, und seine Nerven reissen nicht! Der Abend ist gekommen, der Himmel ist hell, gleichgültig fliegen die Wolken, und weht die Luft durch die Felder, deine Berge stehen blau. Bist du noch dort? Ja, du bist es, noch weht mich etwas an von dort, wie Liebesleben herüber in meinen Tod, noch bist du dort, aller Frieden muß dir aus dieser Gegend folgen.

Gott, ein Horn! immer mehr. Eugen das ist dein Abschied. Leb wohl! leb wohl! leb ewig wohl!

Ich habe dir nicht geschrieben; was sollt' ich dir mittheilen, ein zerrissenes Herz? O hätte ich es gethan, du nimmst es vielleicht für Gleichgültigkeit, dein Albert hätte dir meine Blätter gebracht. Weh, aber Weh der Liebe.

Mit Thränen küsse ich deine letzten Zeilen, Eugen! Dein Schmerz, geliebter Freund! er wühlt mit immer neuem Stachel durch mein

Inneres. Ich küsse sie, immer, immer sollen sie mich begleiten, sie sind dein herrliches Gemüth, ein geistiges Bild von dir. Du! o du! deine Zimmer leer, du entfernt, auf immer. Ich ächze die heisse Qual hervor aus meinem Innern, aber sie weicht nicht. Dein! ich bin, ich bleibe ja dein! Mich schaudert zu meinen Aeltern zu gehn, die Augen muß ich schließen, von jedem Augenblick dringen mir tausend Tode durch das Herz. Du hast Thränen? o weine für mich, meine Augen sind trocken, das Gebrüll der Thiere der Wüste würde mir wohl thun, heisser Schmerz schleicht durch mein Gebein, ich lechze, ich schmachte nach Erquickung der Thränen, labe dich, laben dich auch die meinigen, labe dich der Menschheit süßester Thau.

Ich bin bei meinen Aeltern gewesen, in dem Garten, wo du mich umschlungen hieltest. Daß Wille und Entschluß in mir war, weiß ich nur wie aus dunkler Erinnerung, die Gedanken sind untergegangen in Schmerz, Wahl und Willkühr; mich dünkt, es sei ein Schicksal, das über mich gekommen ist.

Bei meinen Aeltern stand es nicht, wie es mich beruhigen konnte. Meine Mutter las, was sie nur in den ruhigsten Stunden zu thun pflegt, meine Geschwister waren mit ihrem gewöhnlichen Tagwerk emsig, mein Vater wollte heiter scherzen, mein Gemahl war abwesend wichtiger Geschäfte wegen. Ach man nimmt oft den äußern Anschein eines Zustandes an, in Hoffnung ihn wirklich herbeizuziehn.

Die Geschäfte haben sich entschieden, und bewegen meinen Mann, nach Italien zu gehen. Ich werde ihn begleiten. Mir wird ruhiger seyn, fern von allen Erinnerungen, diese Pein muß ich lindern, die mein Leben in müßiger Ohnmacht verzehrt. Deine Liebe muß die Seele werden einer neuen Thätigkeit; reiner, vollendeter himmelan, zu deinen Armen.

Vier Wochen sind vergangen, ohne Wunsch, ohne Besorgniß und Freude, vier Wochen der Trennung von dir. Es giebt Worte, deren Bedeutung die Zeit erst ergründet. Mein ganzes Leben wird vergehen wie diese Wochen. Jedem bringt die fortschreitende Zeit Wechsel, neue Schicksale, oft Verein nach langer Trennung, jeder kann von ihr die Gewährung seines innersten Verlangens hoffen: wir nicht. Kein Schicksal hat uns getrennt, mein eigenstes Selbst, wovon der Tod mich nicht erlösen wird. Eugen, wie danke ich dir, du zürnest mir nicht, du bist freundlich von mir geschieden, dein letzter Anblick war liebevoll. O, wo bist du! soll ich dich nie wiedersehen, nie diese Augen, diese Hand, die Worte deiner Seele nicht mehr hören, nie, nie. Ich muß zu deinem Hause, deinen Besitz habe ich aufgegeben, nicht die Liebe, die mit meinem Innersten verwachsen ist.

Ich will dein Zimmer sehen, deine letzten Seufzer saugen aus der verlassenen Luft, ich will die Stellen küssen, wo du gewandelt bist, das

Leblose wird sich beleben, und mir deine Worte zurückgeben. Und dieser Augenblick wird vergangen seyn, und bringt dich mir nicht näher.

Der Tag der Abreise naht unaufhaltsam, ich werde hier wie im Sturm hinweggeführt, aber nicht ein Augenblick der Muße, den ich nicht nutze, allen Gegenständen der Erinnerung das volle Maaß der Zärtlichkeit zu geben zum Abschied; wer weiß, ob ich sie wiedersehe? ich präge sie mir fest in die Seele, daß sie mich überall begleiten.

Gestern war ich in deinem Hause, es war dämmrig, ein neblichter Frühherbstabend, kein Bedienter begleitete mich, ich hatte fremde Pferde. Dein kleines Mädchen stand auf den Steinstufen und strickte still vor sich hin, sie erkannte mich sogleich, und umschlang schweigend meine Knie, und verbarg ihr Gesicht in meinem Schooß, ohne zu weinen, als fürchtete sie meine Wehmuth laut zu wecken. Das Herz brach mir auf, ich riß sie an meine Brust; zum erstenmal, zum erstenmal bei dir hab' ich geweint. Es war, als löste mein Wesen sich in Thränen auf. Sie führte mich stumm die dunkle Steige hinan in die ausgestorbenen Zimmer, wo mein einsamer Fußtritt durch die Dämmerung brach mit dumpfem Schall. Ich sank auf deinen Sofa nieder, und preßte mein Gesicht in die Kissen. Ich weiß nicht, wie lange ich so lag; sie kam und nahm mich bei der Hand und sagte: „es wird Nacht.“ Ich konnte mich nicht losreißen, mein Leben klebte an dem Orte, mir war, als sei mein Tod nun gekommen, und ich müßte dir Lebewohl sagen. Ich bat sie dringend um Feder und Papier, sie führte mich hin, wo du die Abschiedszeilen geschrieben. Ich küßte den Tisch, auf dem dein Arm geruht, den Sessel. Da fielen meine Augen auf die Stelle, wo mein Blatt liegen geblieben war, als ich zum erstenmale hier gewesen. Manche Gedanken flogen mir durch den Sinn. Ich zerriß die Worte, die ich so eben geschrieben. Wer weiß, wenn nach langen Jahren der Entfernung du diese Räume wieder betrittst, ob es nicht mit Emilien ist, mit einem süßen Weibe; weil ich dich aufgegeben habe, solltest du nie die Wonnen der Natur genießen? Was soll dir dann dies Blatt? soll es ihr einen köstlichen Augenblick deiner Liebe rauben?

Die Kleine hat mir versprochen, wenn du allein zurückkehrst, dir zu sagen: sie war hier. O, Geliebter, gönne mir, dir zu schreiben, dir meine geringsten Gedanken zu vertrauen. Erst nach meinem Tode sollen diese Blätter in deine Hände kommen, und der Himmel wird mich früher hinwegnehmen, als dich, daß du vor deinem Hinscheiden die Freude habest, zu denken: Sie war mein, in jedem Lebensaugenblick, bis zum letzten.

Du hast dich gen Norden gewandt, und jeden Augenblick nähere ich mich dem Süden. Der Abschied ist mir unaussprechlich schwer geworden, besonders von meiner Mutter. Ich wäre gern in dem Kreise der Meinigen still geblieben; allein meine Abreise war nothwendig, ich muß mich entfernen und eine Heiterkeit gewinnen in Beschäftigung, der ich noch nicht gebieten kann; meine arme Mutter fühlt jeden Augenblick meinen Schmerz. Ach Eugen, mich dünkt, die Verhältnisse der Natur sind so verwandt, daß es sich in jedem rächt, wenn ihm zu viel von dem Rechte des andern aufgeopfert wird. Habe ich geirrt, der Irrthum hat für alle Zeit entschieden. Ich bin ein Weib, Familienbande sind mir heilig: wenn das Weib, dessen Daseyn sie einzig sichern, sie nicht achten und ihnen selbst ihr liebstes aufopfern will, wer soll es denn? Eines habe ich gewonnen, unerschütterliche Festigkeit und Ruhe für die Ausführung aller Entschlüsse, und ein tiefes Gefühl der Gewißheit ewiger Dauer unsrer Liebe.

Es war ein trüber Abend, als wir aus dem Thore fuhren, die Sonne ging zwischen Regenwolken unter, welche grau den ganzen Himmel bedeckten. Nur im Untergange war ein lichtes

Feld, und mitten in dem Glanze stand unser Stern. Innige Freude erwachte in meiner Seele. „Für diese Welt hast du sie aufgegeben.“ Für diese Welt, doch sieh dort die Decke gespalten, sieh hinein in den andern Himmel voll Licht und Glanz, dort steht unser Stern, und winkt mit vertrautem Blick: dort! Geliebter, ewig Geliebter!

Ich schreibe dir in einer Kirche, vor dem Betaltar einer Fürstin, die hier vor beinahe tausend Jahren lebte und litt. Sie hat den Grund zu dem Flor dieser Stadt gelegt, an den Ufern dieses Stroms entdeckte sie Aehnlichkeit mit der Gegend ihres weit entfernten Vaterlandes, und schützte und beschenkte diesen Ort. Ein Land, ähnlich dem Lande der Sehnsucht, kann sich der Mensch bilden; aber wer zaubert den Freund hinein, und legt ihn uns an die Brust, nach dem die Seele unaufhörlich verlangt? Liebe! Liebe, Schmerz der Liebe, Treue, du! ich fühle ihn, ich fühle seine Nähe in der Aehnlichkeit der menschlichen Gefühle und Schicksale von Ewigkeit zu Ewigkeit. Von allen Ländern, wohin ich gehen könnte, ist mir Italien das liebste. Du wirst mir dort auch in der Umgebung nahe seyn, aus dem Geiste jedes Kunstwerkes, dessen Genuß mich erwartet, wird dein Geist in meine Seele zücken.

Mein Gemahl hat sich sehr verändert seit seinem letzten Aufenthalt in Frankreich. Sonst war er still, thätig auf dem Comptoir, unbelebt im gesellschaftlichen Kreise. Ich glaubte, es sei seine Art, allein es lag an der Art der Unterhaltung. Er achtet die bildende Kunst nur als ein verfeinertes Handwerk, die Litteratur ist ihm unbekannt, Musik belustiget ihn nur, an den Gesprächen im Hause meiner Aeltern, wenn sie sich nicht auf Politik oder Geschäfte bezogen, konnte er wenig Theil nehmen; sein eignes Wesen geltend zu machen und auszusprechen, hatte er zu wenig

Schnellkraft, zu wenig Aufforderung, und es war ihm auch nicht wirklich genug.

In Frankreich haben Handelsverbindungen ihn in gesellschaftliche gezogen, er hat sich auf einmal in sein Element versetzt gefunden, die kleinen Ereignisse, welche dort der Geist der Gesellschaften sind, haben seine Beweglichkeit in Thätigkeit gesetzt, und ihn ungleich mehr beschäftigt, als Ansichten und Urtheile; sein Handel ist zwischen durch gegangen, er hat Theil genommen, ist verwickelt worden, und ist jetzt ungleich lebhafter als zuvor. Er sucht Gesellschaften, in jedem bedeutenden Orte halten wir uns auf, unsre Reise geht langsam vorwärts.

Für mich ist dies eine Qual. Ach Eugen! man lernt erst Verhältnisse recht kennen, wenn man sich darin befindet. Ich dachte das Verhältniß zwischen ihm und mir beinah aufgehoben, aber er hat ein Recht aufgegeben und so viele behalten. O es ist alles so in der Natur begründet, die Liebe will die Ehe, die Ehe sichert jeden Augenblick dem Geliebten, und wenn der Gemahl der Geliebte nicht ist? wenn entgegengesetzte Naturen, eng, unzertrennlich verbunden, ungleichartig durch das Leben gehen? Kampf oder Zwang; Zwang, der den entfernten Geliebten beleidigt, der unser eigenstes Selbst ist. Es führt ein ebner leichter Pfad zwischen dem allen sicher hindurch, aber er ist schwer zu finden, denn die verkünstelten bürgerlichen Verhältnisse haben die Erscheinungen verwirrt. Es beginnt alles in der Liebe: aber wo beginnt die Liebe?

Wir nahen uns dem Süden, schon hier in Deutschland gewinnt alles einen heitrern lebensfroheren Charakter; es ist ein gewaltiger Unterschied zwischen dem Nord- und Süddeutschen, dort alles Ernst, hier alles Lustigkeit; gleiche Einfachheit überall.

Diesen Morgen kamen wir durch einen engen Holweg im Gebirge, dann senkte er sich abwärts in ein breiter umfangenes Thal, ein Bach quoll hervor, den wir zuvor neben uns hinter den Bergen rauschen gehört, und ging mit uns das Thal entlang. Erst wand er sich durch üppiges Gras an drei reinlichen Hütten vorüber, dann rauschte er weiter und führte den Weg um eine Bergecke, und plötzlich sahen wir uns von hohen Felsen wie in einer Bucht umfangen, dunkle Fichten überragten die Tiefe von schroffen Felsrücken herab, einzelne glühende Blumen drängten sich aus Spalten hervor, der Bach brauste über ein Wehr in einen Teich, und Hammerschläge dröhnten weithallend durch die Einsamkeit aus einer schwarzen Hütte, und Funken sprühten aus dem Grunde hervor. Schwarze Gestalten klimmten oben an den Felsen, mit gleichgültiger Kühnheit hieben sie die Erzstufen los, welche in der Hütte geschmolzen wurden, daß sie prasselnd und zermalmend in die Tiefe rollten.

Wir stiegen aus, ich trat an das Wehr, wo ich sicher den wilden Anblick überschaute, und längs dem Bach hinabsah, der aus dem Bekken mit unruhigem Kreisen den Weg suchte zum Fluß, zur Freiheit des Meeres. Ich dachte, wie alles von seinem Entstehen fortstrebt, in Freiheit und Unendlichkeit; das Meer trägt dein Schiff vielleicht in dem Augenblick, wo er hineinstürzt, und diese Wellen sehen dein Antlitz. Ich warf Blumen hinein, die ich unterwegens gepflückt und geküßt mit aller Liebe. Sie werden hinanblühn an dein Schiff, die glühenden Farben dich anschauen, und die geheimnißvollen Zeichen, womit die Natur sie gezeichnet, werden dir Ahnungen geben von mir. Seele meiner Freuden, meiner Schmerzen!

Als ich bei Kehl über den Rhein war, und nun am jenseitigen Ufer auf französischem Boden stand, und mein Vaterland kaum jenseit dem Fluß erblickte, wollte der Schmerz mich überwältigen. Ach Vaterland, das mit seinen ernsten Wäldern, seinen stolzen Strömen nun zwischen uns liegt! mir ist, als wäre die Liebe darin zurückgeblieben, nun wir es verlassen haben. Ich stand lange still und ließ die Wolken, die vom Abend heraufzogen, über den Strom, über mich wegfliegen, und sah hinein, ob sie nicht Züge bilden wollten, die geliebten Züge deines Namens.

Wir fuhren die Nacht hindurch, ich dachte dich auf deiner Fahrt, und an die Eitelkeit des Schmerzes über den Abschied von Deutschland: nicht dort, und nirgend werde ich dich wieder sehen, aber seit ich es verlassen habe, täuscht meine Fantasie mich unaufhörlich, als könnte ich dich und das verlassene Glück dort wieder besitzen.

Gegen Morgen nahten wir uns schon der Bourgogne: unter dem Horizont, der mich umfing, sprach Niemand mehr deutsch. Das Land, durch welches wir fuhren, konnte mich nicht erheitern. Es sind lachende Gefilde, die Freude keimt in Menschen und Pflanzen leicht hervor, und breitet sich munter aus im Lichte der Sonnen; aber ich gehöre nicht in diese Freude, und ich fühle, nur in Deutschland kann der Deutsche leben, ich ziehe mich in mich selbst zurück, als fände ich da mein Vaterland, und mich verlangt nach der gehaltneren Glut der Italiäner.

Aus dem bittersten Schmerz meines Lebens erhebt mich immer dieselbe Betrachtung, welche ihn verursacht und ich danke dem Himmel für die Seele, welche dich liebt, welche den Entschluß faßte, der ihren Kummer bereitet, und welche seine Ursache zu erkennen vermag, die innige Verwandtschaft aller Verhältnisse der Natur in der Liebe. Es ist zu spät für das Vergangene, doch das Wahre wirkt heilsam für jeden Augenblick. Glücklich bin ich nicht, aber ruhig bin ich oft, und wäre es immer, wenn das Verhältniß der Ehe, das ich nicht gekannt, noch berechnet habe, in der Vorstellung von meiner Zukunft, mir nicht unaufhörlich Unruhe und Reue verursachte. Du wußtest es wohl, Geliebter, dein letzter Brief enthält mein ganzes Schicksal, Wohl und Weh.

Wenn ich bedenke, wie ungleich verbunden ich mit meinem Manne bin, keine Trennung vor mir sehe, weil mein Entschluß unsren Bund für immer befestigt hat, wenn das alles vor mir aufsteigt wie ein riesenhaftes Gespenst, faßt mich eine Bangigkeit, daß ich mich an den Boden werfe, die Erde umschlinge, als ob ich mein Grab aufrisse. Ich soll dich nie, nie wieder sehn, Eugen! Eugen? nie an deiner Brust ruhn, nie mit leisen nur andeutenden Worten dir die Gedanken meiner Seele mittheilen, die du alle verstehst, aufnimmst und erwiederst, mit Geberde, allem Thun und süßen Worten. Der fremde Himmel ist über mir; in mir fühle ich die Kraft der Jugend, ich sehe Jünglinge, Greise, und die lange Bahn dazwischen ist die meine, auf ihr erlöst mich nichts von meiner Pein.

Aber der Schmerz breitet sich aus in viele Vorstellungen: Jüngling und Greis führen auf Dauer und Vergänglichkeit; und rings umher in dem fremden Lande, wo ist Dauer? Vergänglichkeit überall. Jenen Ort haben Römer gebaut, diese Küsten griechische und hetrurische Kolonien bevölkert, in halb verwitterte Steine gruben Menschenhände Gedanken ihres Lebens, und alle sind hinunter: vorübergegangen sind die Erscheinungen ihrer Freude, ihres Schmerzes; nur was der Mensch zu seiner eignen Ausbildung, Veredlung und Vollendung thut, das bleibt ewig; ewig wie seine Seele bleiben muß, die es über Vergänglichkeit erhebt, daß sie dies denken kann.

Ich schreibe dir dieses aus einem Kloster; es ist mir nie so weh und wohl an einem Orte gewesen, die Zukunft thut sich mir immer mehr auf, und zeigt mir, was ich unternommen habe, einen schwierigen Pfad unter widersprechenden Anforderungen zu gehen, aber, ich fühle mit Beruhigung das innigste Streben nach Harmonie in mir, welchem ich deinen Besitz hingeben konnte; daß ich mir die Liebe zu dir erhalte, das wird mich erhalten.

Als wir vor dem Posthause ausstiegen, und den Hügel, worauf es lag, hinanschritten, fanden wir oben das Mittagsmahl unter einem bedeckten Vorsprung bereitet. Die Aussicht überraschte uns, die äußerste Spitze einer Bergzunge, trat der Hügel in ein fruchtbares Thal hinaus, gegenüber Felsenwände, an denen Epheukränze herab von Ulmen und Oelbäumen hingen, und sich in die Wellen eines Bergstroms tauchten, der zwischen Geklipp herabbrauste. Glänzende Hütten lagen mit Obst-, Mandelbäumen, Mirthen, Orangen und Pfirsich umgeben im Thale zerstreut, die Isere wand sich wie ein bewegliches Silbernetz durch das liebliche Grün zu den Felsen, und nahm den Bergstrom auf, dessen Gebrause wie leises Murmeln zu uns drang; Ziegen, welche über die Steine um seine Ufer klimmten, erschienen uns nur wie weisse oder schwarze bewegliche Flecken.

Das ganze Thal erfüllte mit Ruhe und Heiterkeit, der man sich gern überließ; ich dachte, hier mit dir zu leben; meine Phantasie schuf tausend Pläne, und baute bald hier, bald dort die Hütte auf für unsre Liebe; ich setzte dir in Gedanken den Stuhl an die leere Seite des Tisches; der Wirth brachte uns dunkelrothen Wein, zeigte uns gegenüber zwischen den Felsen ein kleines überragendes Kreuz, und sagte uns, daß er dort bei einer nun verlassenen Einsiedelei gewachsen sei. Ich setzte mein Glas an die Lippen, und trank es deinem Geiste; in dem dunklen Feuer des Weins schmeckte ich all' die sonnigen Morgen, all' die tiefen Nächte, welche ihn gereift, und die innersten Kräfte der Felsen, an denen er heraufgeklommen.

Der Wirth sagte meinem Manne, daß die Einsiedelei jetzt zu einem Kloster gehöre, wo man den Wein am herrlichsten bekommen könnte, und die Fremden, welche es fleißig besuchten, wohl aufgenommen wären. Er erzählte uns, daß vor mehr als zwei hundert Jahren dort ein Einsiedler gelebt, welcher diese Reben zuerst gebaut habe, und fügte manches hinzu, das meinem Manne die Aussicht eines heitren Abends eröffnete, und mögliche Handelsspekulationen. Es wurde ein Führer angenommen, und wir begaben uns nach dem Kloster. Nicht der Wein, nicht die Gesellschaft reizte meine Erwartung, aber mich verlangte nach der Einsiedelei; dein Bild ging unsichtbar neben mir, und ich dachte die Seligkeit, ihm dort stille Tage der Einsamkeit leben zu können. Der Weg wand sich immer schwieriger zwischen Klippen aufwärts, das helle Grün blieb zurück in den tieferen Gegenden, schwarze Tannen nur schatteten noch den Boden, und dunkles Epheu, bis wir endlich an einem jähen Abhange standen. Eine Treppe war in die Felswand gehauen, und führte senkrecht hinab in ein liebliches Thal. Rings wie ein Saal von Felsen umgeben lag es im Grunde, und breite Pfade voll Gebüsch öffneten sich zu Seiten in das niedere Gebirge: der Waldstrom rauschte über ein Felsstück hinweg, Weinranken klommen an den Wänden empor, und mit Weinstöcken war der Fleck bebaut, nur ein Gang war gelassen vor einer Höhle, welche die Natur in dem Felsen gebildet, neben der ein Sitz, und in einer Nische ein Kruzifix ausgehauen war. Die Grotte glich einem Gange, der andre Ausgang führte in das wildeste Gebirge, wo die Kraft der Natur in Schauder und Verwirrung tobte.

Hier war die Wohnung des Einsiedlers gewesen, hier waren noch Sitze, ein Altar, ein Lager in dem Felsen, und Versuche bildender

Kunst

Kunst in den Wänden. Ich setzte mich in einen der Sitze, sah auf die unkenntlichen Gesichtszüge, welche seine Hand versucht hatte daneben abzubilden, auf die rauhe Gegend draussen, und blickte dann durch den Gang nach der andern Oeffnung, in deren Ferne Licht und Ordnung sich wie ein Stern dem Auge zeigte. Wie oft mag er hier auf dieser Stelle den Augenblick der Zukunft gedacht haben, wo eine nachgeborne Seele mit Gefühlen der seinigen, einst hier ruhen würde, und dessen Erfüllung ich nun brachte. Ich ahnete ein edles beschränktes Gemüth, das ein Augenblick dunkel glühender Kraft in Schuld reißt, und auf ewig von den Menschen trennt, deren Bande es verletzt. Es liebt sie noch, es liebt die freundliche leblose Erde, und baut sie aus Liebe, ihrentwegen, nicht für geliebte Erben. Sein Gefühl hat ihn der Einsamkeit berufen, der Glaube seiner Kirche hat sein Bewußtseyn gereinigt, seine Gedanken steigen auf mit den Ranken: dunkles Blut quillt aus den Reben von hellem Licht durchdrungen, und nach Jahren, wie er es nie gehofft, erfreut sein Fleiß die Reisenden.

Mein Mann ward der Gegend bald müde, er drängte den Führer, uns nach dem Kloster zu bringen, ich schied nur ungern von dem Orte. Wir kamen in das Sprachzimmer, und fanden die Aebtissin schon hinter dem Gitter, die uns erwartete. Ihr erster Anblick schreckte mich sogleich zurück: eine Frau von mittler Größe, unverhältnißmäßig stark, mit runden kurzen Armen, kleinen lebhaften Augen, einem vollen gelblichen Gesicht und schwärzlichem Pflaum über der Oberlippe. Ihre Stimme war rauh und männlich, sie lachte und scherzte viel, lebhaft ohne Sitte und Geist.

Die Frauen in Frankreich scheinen nur einen konventionellen Begriff von der Sitte und den Grenzen ihres Geschlechtes erreichen zu können. Hebt eigne Kraft sie über diese Schranken hinaus, so werden sie männlich. Ich habe hier noch keine Matrone gesehen, die ohne Repräsentation, Tüchtigkeit mit Würde verbunden hätte.

Ueber Geschäfte sprach die Aebtissin mit Verstand, allein sie flocht Bemerkungen über die Welt, kleine Züge ihres Lebens in die Unterredung, die mir unerträglich wurden, und mit denen ihre Gutmüthigkeit und Unbefangenheit mich nicht versöhnen konnte. Zuletzt kam sie auf die veränderte Lage ihres Standes durch die neuen Grundsätze der Regierung; mitten in ziemlich frechen Aeußerungen hörte sie die Betglocke: nun fort, fort," rief sie, und brach schnell ab, indem sie sich entfernte: „man muß doch noch immer ein bischen beten." Mein Mann lachte, als sie ging: unser verschiedenes Urtheil veranlaßte einen Wortwechsel, den ihre Rückkehr beendigte. Sie führte uns darauf zur Tafel: es fanden sich noch einige Geistliche ein, und Edelleute aus der Gegend, das Mahl war prächtig, die Unterhaltung witzig und leer. Das Zimmer war mit Gemählden geschmückt, wie das meine, ich dachte an seine verlassene Leere, an unsre kleinen Nachtmahle, wo alles, was den Menschen innig an die Welt bindet, besprochen wurde, der Witz wie eine bunte Flamme zwischendurch spielte, Wahres anmuthig zu beleuchten, bis wir zuletzt spät in die Nacht mit klopfendem Herzen uns trennten, und jeder von dem andren empfangen, und dem andren gegeben hatte, woraus sich neue Gedanken bildeten, die ihn weiter brachten in seinem Innern. Die Geselligkeit soll so seyn, die Menschen gehören mit einander zu einem Ganzen, zur Menschheit; durch die Geselligkeit sollen sie das erkennen, und alle Kräfte jedes Einzelnen sollen durch den Austausch von Gedanken, Empfindungen und Streben befreit und ermuntert werden. Das Würdigste ist das Erfreulichste. Wie zerstreut, dachte ich, sind nun die Genossen dieser Nachtmahle, ich hier, du vielleicht auf grauem öden Strande, in einer dämmrigen Hütte unter dumpfem Volk, vielleicht bei Emilien, vielleicht in der üppigen Hauptstadt des Nordens. Ach ich konnte klagen, daß du fern seyst, wie meine Gedanken noch auf den Bildern deiner Umgebung ruhten. Ich war in solchen Betrachtungen verloren. die Aebtissin bemerkte meine Abgezogenheit, wollte mich in das Gespräch ziehn, und bestürmte mich mit Scherzen. Ich konnte nicht eingehen, mich erhielt nur der Ernst meiner Vorstellungen, daß der Schmerz dieser Gefühle nicht in Thränen ausbrach.

Man blieb spät zusammen, ich bemerkte Mißvergnügen auf der Stirn meines Gemahls. Beim Abschiednehmen, als wir ihr für den Abend dankten, sagte sie zu mir: „Sie haben nicht Theil daran genommen. Aber nichts für ungut!" setzte sie schnell hinzu, und schüttelte mir die Hand, als sie bemerkte, daß ihre Empfindlichkeit mir leid that. Mein Mann war unzufrieden, er sprach nicht, und am Morgen, da wir allein waren, sagte er mir, daß wir nun nach Turin gingen, wo er Handelsverbindungen habe, und er erwarte, daß ich die gesellschaftliche Lust nicht mehr mit Grillen stören werde. Es kränkte mich tief. Er hat unsre Liebe viel leichter genommen. Er hat mich heiter und freudig gewählt: seine Schuld ist es nicht, daß ich es nicht mehr bin. Ach Eugen, ich muß den geliebten Gedanken an dich verbannen, er soll am Tage nicht vor meiner Seele seyn, unsichtbar wie am Himmel den Stern unsrer Liebe soll ihn der Tag machen. Aber zur Nacht, wenn mein Lager mich aufnimmt, und trennt von der Welt, wie eine friedliche Insel, dann soll er aufgehn, dann will ich unsrem Stern alle Gedanken, alle Blicke, allen Schmerz der Liebe senden.

Unser Wagen brach gestern gegen Abend, wir mußten eine Strecke zu Fuß gehen, ein Dorf zu erreichen, wo wir übernachten konnten. Mit unersättlicher Wonne schweift mein Auge zwischen dem Reichthum dieser Felder umher, steigt sanft hinan mit diesen Hügeln, und schwebt wonnetrunken auf und nieder an den hohen Pappelstämmen, auf den schlanken Gewinden von Baum zu Baum längs den Feldern. Es giebt hier keine Ermüdung, man schaut immer aufs Neue den Reichthum; der Begriff von Erschöpfung ist aus diesem Lande verbannt. Aber dennoch, Eugen, sehne ich mich nach dem Ziele, und in dem immer neuen Wechsel von Gegenständen empfinde ich unaufhörlich, was meinem Leben fehlt: wozu der Wechsel dem, der nicht mehr hofft? mein Herz ist nicht so schwach, sich an ihm zu ergetzen.

Es war noch nicht Abend, als wir in diesem Dorfe anlangten. Mein Mann fragte, ob es keine Merkwürdigkeiten in der Gegend zu sehen gäbe? man führte uns in die Kirche, wo verschiedene alte Gemählde hingen. Das Gold und die trockne Manier zeigte vorzüglich an dem einen, daß sie aus dem dreizehnten Jahrhundert stammten, wo noch die griechischen Meister blühten; es stellte eine Anbetung der Jungfrau von Engeln dar: das andre daneben war viel jugendlicher, wie ein frischer Jüngling erschien es dabei. Mich rühren Gemählde aus sehr alter Zeit immer unaussprechlich; es kann kein Künstler den Gedanken seiner Seele so absolut geben, wie er ihm vorgeschwebt, als der Mahler. Worten verleiht die Zeit eine ausgebreitetere, verleiht jeder, der sie liest, eine anders schattirte Bedeutung; Töne sind noch allgemeinere Zeichen; Farben allein sind bestimmt. Ich fragte nach den Namen der Meister, man nannte mir Cimabue und seinen Schüler Giotto, welcher letztere in dem Dorfe geboren ist. Auf einem Spatziergange entdeckte Cimabue den Knaben, der bei seinen Heerden eines seiner Lämmer auf einer Steinplatte zeichnete. Er bat den Vater, einen Bauer, um die Erlaubniß, ihn zu sich zu nehmen, unterrichtete ihn in seiner Kunst, und ward bald von seinem Schüler übertroffen.

Es ist ein Glück, Eugen, wenn an dem Ziele eines Lebens und bei geringen Schritten auf der Bahn der Wissenschaft und Kunst, ein junges Leben mit gleichen Fähigkeiten ausgerüstet, uns gleichsam geschenkt wird, dem wir ruhig unser Streben überlassen. Jeder fühlt den Trieb, die Kräfte seiner Seele der Menschheit als Erbtheil aufzubewahren: seit ich dich verloren habe, empfinde ich ihn dringender. Es reißt mich innerer Drang oft hin, ein Bild, ein Gedicht zu schaffen, das von mir in der Zeit bestehen mögte, daß du lesen mögtest, an deine Lippen drücken, die ich nicht mehr berühren werde, und rufen es ist sie!

Die ganze Reise durch Italien hat mich in das Alterthum versetzt, und hier stehe ich nun in Rom, aus den Denkmalen der Vergänglichkeit blüht mir die Ewigkeit überall wie eine lichte Himmelsblume entgegen: Liebe, Kraft, Klugheit, alles menschliche Seyn leben und athmen rings um mich: hier auf diesem Hügel, wo Janus gehaust, der König der Hirten, an dieser Quelle, wo Wipfelrauschen und Wassergemurmel, Stimmen der Natur zu Numa sprachen, in diesem tausendjährigen Eichenhain, wo einst frohe Gruppen auf grünem Rasen gelagert sich ergetzten. Die Kunst hält alles Menschliche in lichten Regionen über alle Zeit empor. Schauer durchzuckten mich, als ich in die sestinische Kapelle trat, ihre Gestalten rings umher die Riesengedanken Michael Angelo's, die Wahrheit, Würde,

Tiefe und Anmuth Raphaels, der Pabst, welcher beide erkannte. Alle sind sie vergangen, die Großen der Erde, welche Gaben sie erhöht, welche Thaten sie vollbracht, wie sie ihren Geist offenbart haben; die, welche allen guten Kräften auf Erden Raum bereitet, zu wirken; die, welche ihr eignes Gemüth zur Vollendung emporgebildet: aber sie haben den Tod bezwungen, was in ihnen unsterblich gewirkt, das lebt in allen Geschlechtern; die Stimmen, welche ihnen Offenbarung waren, rauschen noch immer durch die Natur, und sprechen zu jedem unbefangenen Seyn.

Du bist mir unaussprechlich nahe. Das Grün dieser Hügel, alle Anmuth der Farben und Gruppen, womit sie längs dem Meerbusen sich unermeßlich zu beiden Seiten ausdehnen, bis im fernen Horizont alles verhaucht, ein farbiges Nebelbild; dazwischen das Gewühl der Wogen im Sonnenglanze, das Geräusch unter meinem Fenster auf der Chiaja: alles nah vor Augen, was die Seele aus der Ferne schon bewegt: Gedanken der Vergangenheit, das Gebrause des Meeres; und wie die Sonne sich neigt, immer bewegter das Geräusch, immer milder die Ufer, ein hohes Sternengewölbe der Himmel, ein tiefes Sternengewölbe die See, Mondesschatten längs den Hügeln, der rothe Schein des Leuchtthurms, sein wallendes Bild dunkel in den Wogen, eine lichte Säule aus dem Vesuv. Eugen, meine Seele kann nicht zur Ruhe kommen, ich taumle umher, der Schlummer will nicht auf meine Augen nieder, die Bilder des Tages deckt nicht Stille der Nacht, die Nacht ist ein andrer Tag. Ich eile immer wieder zum Fenster. O sage: bist du nicht hier? ist es nicht deine Barke, die dort entwallt auf den Fluten? Bald wirst du landen, zu mir fliegen, gewiß hier hast du mich erwartet, hier ist alles so schön. Was soll ich hier ohne dich... Und wenn du kämest?.. O soll denn die süße Täuschung nicht einen Augenblick dauern, die mich so sehr beglückt. Andre, die viel verloren haben, können doch klagen, können doch die Augen aufschlagen, voll Wunsch, und träumen voll Hoffnung. Ich stehe starr bei der Nothwendigkeit, ohne Thränen, ohne Hoffnung, ohne Klage. Ruhe süß, ruhe süß, geliebter, ewig geliebter Eugen!

Als ich die erste Residenz sah, machte mir es Freude, in eine Stadt zu kommen, deren Bewohner nicht Handel und Gewerbe allein in Nähe und Mauern vereinigt. Das Leben, dessen gesellige Zwecke sich hier mannigfacher trennten und belebten, kam mir heitrer vor und freier. Aber in Deutschland ist jeder Genuß ein Geschäft, und wenn alle Sinne in Wonne ruhn, erforscht die Seele den Geist des Entzückens, seinen Ursprung, seinen Zweck. Hier ist es anders, diese Stadt scheint kaum gegründet zu seyn. Es ist kein Zweck, der diese Bewohner vereinigt, jeder, der hier war, fühlte den Trieb zu schauen und zu genießen, und so blieb er. Die

Thätigkeit ist ein Spiel, das Geschäft Belustigung.

Es ist hier vieles, es ist alles schön, meine Seele genießt es mit Entzücken, aber ich komme nicht zur Ruhe darin. Der Genuß ermüdet mich, er empfängt die Seele von mir, und durchdringt mich nicht mit vielfach eigenthümlichem Geiste. Auch die Natur gab sich keinem Volke so liebevoll als dem Deutschen. Immer innig mit quellendem warmen Leben, nicht mit der vernichtenden Glut der Südländer spricht sie ihn an, und er saugt mit nie ermüdender Liebe sich fest in das innerste Wesen aller Dinge, bis sein eignes Leben sie beseelt, und er das ihre darin begreift und durchdringt. Mein liebster Aufenthalt sind die verlassenen Gärten von Poggio Reale. Der Eindruck des Verfalls trifft hier meine Seele, oft auch bringe ich Tage zu am Ufer des Sees Agnano, meist in meinem Hause, in ernster Beschäftigung. Dieser Aufenthalt, der alles zum Müssiggange lockt, drängt meine Seele zur Thätigkeit. Ich fühle ihren Erfolg, der mich über zufällige Stimmungen erhebt, in ein sicheres reines Element des Bestehens und Wirkens. Und das ist dein Werk, ohne Liebe ist kein Erkennen des eignen Wesens möglich, kein Bestimmen des Daseyns, kein Glück; wohl aber ohne Besitz. Irrthum kann glücklich machen, aber das Glück kann nicht bestehen, und die Wahrheit vernichtet es selbst in der Erinnerung.

II.

Was ist es, daß ich mit zitternder Hand heute wieder den Namen Regina schreiben muß? den ewig geliebten Klang! daß ich nicht genug mehr habe an ihrem Bilde, am Traum von Stunden einer schönen Vergangenheit? daß ich im eisigen Norden mein Leben dem unfühlenden Papier vertraue, welches nimmer ihr Blick beseelen wird?

Ich war so ruhig geworden. In die ungeheure Ostsee hatte ich meinen Schmerz, meine Fülle, meine Leerheit geworfen. Da ihre Wogen mich hieher getragen, war mir, als ob blos eine unvernünftige Kraft sich bisweilen wüste in meiner Brust bewegte; und da legte sich hier auf mich der gräßlich wohlthuende Herbst, mit seinem dikken grauen Wolkenmantel, seinen Regengüssen, seinen verderbenden Stürmen.

Mich dünkt, damals war mir unaussprechlich wohl. Die Welt war so enge und schauerlich, daß der Schmerz der Menschen in ihr keinen Raum, keine Stimme hatte. Bisweilen erschien durch die dunkle Hülle dein süßes Bild, Regina, wie ein bleicher zitternder Stern; aber ich sah ihn ohne Unruhe, ohne Begier. Meine ganze Natur hüllte sich ein in die graue Wolkendecke, und das Heulen der Stürme wiegte sie nur in Schlummer.

Und wie ich erwachte, riß mich der Winter mit Riesenkraft auf und fort auf fliegendem Stahl über hallende Seen, auf Schlitten durch die Eispalläste der Bäume. Der hiesige Winter hat eine ungeheure Macht, um das Weh der Herzen, die Sehnsucht zu bezähmen. Jeden Augenblick muß man sich gegen ihn bewaffnen, giebt er durch kräftigen Genuß Ersatz für die Anstrengung. Er hatte mich so fest nach dem engen Schlummer des Herbstes gemacht, und nur ein einzigesmal ward ich gewahr, daß in mir ein Schmerz wohne, der alle Stärke der Naturkräfte überwinde.

Es war eine prachtvolle Schlittenfahrt in einer mondhellen Nacht veranstaltet. Die Kälte hatte eine ungewöhnliche Milde, und wie ein Lenzeswehen ging ein fast feuchter Glanz über die Schneemassen. Ich fuhr eine junge Russin, deren Gesicht nicht ohne angenehmen Ausdruck war. Russische Jagdmusik mit ihren herzzermalmenden Klängen tönte aus Schlitten vor uns und hinter uns. Mir war feierlich und weich zu Muthe. Auf einmal scheint es mir, als hätte meine Gefährtin an der Schläfe deinen sinnigen Eindruck, in welchem die schöne Seele denkt. Ich verliere mich in diesen Gedanken. Da weckt mich die junge Russin mit einem lebhaften Schrei des Staunens, und auch ich sehe noch einen großen Stern, der vor uns niederschießt. Er war so groß und schön, sagte sie, daß es nur der Abendstern seyn kann. Der kann nicht fallen, sprach ich hastig, und setzte langsam hinzu: er ist gefallen. Das Schicksal unsrer Liebe kam in der

Stunde fürchterlich über mich, nnd kaum konnte ich meine Thränen bändigen, daß sie nicht laut hervorströmten; und späterhin hat es mich im Schlaf bisweilen erschreckt, daß der Abendstern vor meinen Augen zur Erde niederschoß.

Aber Muth, Festigkeit legten sich wieder mit Eisrinden um meine Brust, und immer widerstand ich dem Drange, dir zu schreiben, zu wähnen, mein Daseyn in dieser Verbannung solle dir einst gegenwärtig werden. Ich wußte wohl, daß eine solche Beschäftigung mich ganz verschlingen würde; und nun ist es doch so gekommen, und ich schreibe mit unendlicher Freude, Regina, Regina!

Den Frühling habe ich gefürchtet, und ein dunkles Gefühl, als werde er mit seinen bunten Farben sich nicht in diesen Norden wagen, hat mich getröstet. Nun ist er plötzlich da, und mit ihm eine Vergangenheit, die mir das Herz zerreißt. Er betritt kaum diesen Boden, sagt man, so ist er wieder entflohn. O ein einziger seiner Sonnenblicke, ein einziges Vogelzwitschern auf Knospenzweigen, reicht ja hin, meine Ruhe zu Grunde zu richten.

Und die Grashalme, die Blumen, drängen sie sich nicht an mein Herz? und die Aeste, bekommen sie nicht Stimmen mit den Blättern, mich zu verrathen, deinen süßen Namen zu flüstern? und die Wellen, die das Treibeis überwunden haben, trügen gern meinen Nachen zu dir, zum Garten der Aeltern.

Dieser Gedanke hat mich heute gequält und beseligt, und ich konnte seiner nicht los werden mitten unter dem mannigfaltigsten Gewühle. Ich stand auf der Brücke der großen Newa, die erst gestern wieder zusammengefügt war. Aus allen Gegenden der Stadt strömten Müssiggang und Geschäftigkeit herbei, und ergetzten sich an der alten wieder hergestellten Bahn für ihr Treiben. Die Schiffe waren wie Vögel auf dem Wasser. Sie waren jugendlich spielend in Gruppen zusammen oder strichen langsam einzeln am Ufer hin, wie in Träume versunken, oder eilten mit rauschenden Segeln vorbei zu fernen Gefahren und Geschäften. Und alles mußte mich an dich erinnern, die Nähe, die Ferne. Nur auf eines dieser Verdecke brauchte ich zu springen, zu den deutschen Fluren würde ich getragen, unbekümmert um die ganze Schöpfung, die ganze Menschenwelt eilte ich eine Landstraße hinab, ich stürmte in ein wohlbekanntes Thor, ich stünde still vor einem Hause, aus welchem eine Volkameria herabsieht, ein holdes Gesicht beugt sich um sie. O Gott, du erbleichst, und ich höre den Schrei, womit du zurücksinkest.

So wird mir Alles zur Marter, und gleichgültig hätte ich es angesehn, wenn die gewühlvolle Brücke und die Welt auf ihr und ich mit in die Tiefe des Stroms hinabgesunken wären. O der Frühling ist mein Verderber! Wohin soll ich die brausenden Kräfte wenden, die er in mir erweckt hat? Sie kennen ja nur Eine Richtung und die führt zum Untergang.

Ich denke mir, daß du viel weniger elend bist, als ich. Die Liebe an sich genügt deinem Herzen, und du athmest in ihr, wie in einem milden Element, ohne Nebel und Stürme. Sie hat dich reich gemacht, und bleibt dir Gegenwart und Seligkeit auch fern von dem Geliebten. Das Weib liebt mehr die Liebe, als den Geliebten.

Für den Mann ist die Leidenschaft ohne den Besitz zerstörend: er verarmt durch sie, und fällt in gestaltlose Leere. Ueber allen Genuß, über alle Thätigkeit treibt sie ihn hinweg, weil ihm das Eine fehlt, weil er das Eine nicht erstrebt hat.

Mitunter, wenn ich von der Newabrücke auf die Bildsäule Peters des Großen schaue, fühle ich mich aufgerüttelt. Sein ungeheures Leben schuf diese Stadt, dies Menschengewühl, dies wundervolle Reich; und ich mögte Massen zu bearbeiten haben, wie er. Im Ungeheuren würde mein Herz gesunden.

Was vollbringe ich, um Ersatz für verlorne

Seligkeit durch Thaten zu finden? O der Armseligkeit, daß ich glaubte, in diplomatischer Arbeit unsrer Gesandtschaft ein Herz beschwichtigen zu können. Und der stille Genius der Kunst und Wissenschaft will eine ganze, unversehrte Seele. Man lockt ihn nicht zu sich, als durch sonnige Ruhe.

Es hat für mich was angenehmes, daß es hier zu keinem vollständigen Frühling kommen will. Kaum tritt der Mai mit seinen Blumen und Blüten irgendwo hervor: so schneidet plötzlich ein Nordwind durch die Luft, daß man glaubt, die Newa werde ihre Eisdecke wieder anlegen. Noch vor wenigen Tagen ward der Lenz vom Frost zusammengeschüttelt, und heute ist ein so heißer Tag, daß man allgemein versichert, der Sommer sei angebrochen.

Ich konnte den Lärm der Stadt nicht länger ertragen; denn es ist schauerlich, mitten in der Volksfreude, die hier im Lenz ungemein regsam und öffentlich ist, mitten im gewühlvollen Streben, mit einem leeren, zerbrochenen Wesen zu stehn. Auf die Insel des Grafen von Rasumowsky habe ich mich geflüchtet. Sie ist ganz mit Wald bedeckt, dessen große Alleen die Newa und die Stadt mit den Massen von menschlicher Thätigkeit, von Schmerz und Freude nur wie ein Bild zeigen. Die Bewohner des Dörfchens der Insel sind alle hier nur wegen der Stille der Natur. Keiner von ihnen kennt mich, und nichts stört mich in der grünen Einsamkeit.

Fast hätte ich vor Freude geweint, als ich nach einigen hier verträumten Tagen heute in der Frühe eine schaffende Kraft in mir wahrnahm. Wie mechanisch schleppte ich seit mehrern Wochen Bücher und Manuscripte über die Geschichte Peters des Großen zusammen, und las, ohne mir des Gelesenen sonderlich bewußt zu werden. Ich trieb die Sache nur deshalb fort, weil ich in ihr auf nichts stieß, wodurch meine Wunden aufgerissen wurden. Aus Scheu davor hatte ich meinen Tacitus von mir gebannt in schönen Stunden war sein Genius mit uns gewesen. Heute beim ersten Morgenlicht blicke ich doch in seine Blätter über Tiberius, und immer trat mir das Bild Peters des Großen entgegen. Der düstre Römische Herrscher, der wie ein Nachtvogel zwischen den Ruinen der Freiheit sitzt, und der muthige Russische Barbar, der die ganze Welt mit Offenheit in seine Arme schließt, um Mensch zu werden, ergetzten mich in ihrer ungeheuren Verschiedenheit. Ohne zu wollen, habe ich angefangen, die Geschichte Peters des Großen darzustellen; und schon ist mir, als läge auf seiner Stadt ein andrer Himmel.

Meine historische Darstellung belebt sich und mich und das Russische Reich, das sich ungemessen vor mir ausdehnt; und wenden sich meine Gedanken von ihr seitwärts, zu dir, zu dir, Regina! so denke ich an dich mit mehr Heiterkeit und Zuversicht, als bisher. Ich erhielt mich geflissentlich in einem dumpfen Brüten der Leidenschaft, ich wollte nichts von dir hören, wissen; ich hatte keinen Wunsch, als dich zu vergessen. Jetzt ist es ganz anders. Mir wird bange, daß ich so ohne alle Kunde von dir bin, daß ich nicht weiß, in welcher Umgebung, unter welchem Himmel ich dich denken soll, und mit Höllenangst fällt mich die Vorstellung an, ob du noch unter den Lebenden wandelst? Nein, ihr guten Mächte dort oben, so hart handelt nicht gegen mich. Verzicht habe ich darauf gethan, sie je wieder zu sehen, zu küssen, zu umschlingen; aber vor dem Gedanken, daß es unmöglich sei, schaudert mein ganzes Wesen. Euren Himmel habe ich ja nur, weil ich weiß, daß sie zu ihm aufschauet, und ich will nicht athmen in einer Luft, die nicht irgendwo ihre Lippen berühret.

Heute noch schreibe ich um Nachrichten von dir, ewig Geliebte. Aber ein Monat vergeht, ehe ich sie mit Zittern erbrechen werde. In einem Monat sind viele Nächte, Stunden, Augenblicke, und jeder ist mächtig genug, um mich mit dem Bilde deines Todes in die tiefsten Tiefen zu jagen.

Mir ist bisweilen, als ob die wüste Leere meines Innern abnähme: es hallt nicht mehr so hohl, wenn eine neue Erscheinung in sie fällt. Peter der Große ist wie der Russische Winter, so voll von frischer Riesenkraft, die Welten zur Thätigkeit zwingt: sie treten beide eisern auf die Erde, und nennen sie ihr Eigenthum, und Klarheit des Himmels ist über ihnen, um sie. O ein großer Mensch ist so göttlich, und wirkt nach Jahrhunderten, wenn sein Bild in der Geschichte hervorgeht, mit gegenwärtigen, wunderbar heilenden, hebenden Kräften.

Nachdem ich mich eine Woche durch des Zaars Leben erfrischt hatte, fühlte ich mich weggedrängt aus meiner Einsamkeit, und ohne eine bestimmte Absicht, einen bestimmten Wunsch war ich auf der Landstraße, im Getümmel der Menschen. Doch mußte mich ein glücklicher, geheimer Zug leiten; denn als ich meine schäumenden Rosse anhielt, war ich nah an einem kleinen Walde, in welchem Zarskoje Selo, der kaiserliche Sommerpallast liegt. Ich wußte, daß in seinem Garten Denkmale hochgesinnter Männer waren, und die Betrachtung menschlicher Größe ist mir nie im Leben so Bedürfniß gewesen, als jetzt. Sonst hatte ich eine gewisse Verwegenheit in meinen Gedanken an Heroengestalten; jetzt betrachte ich sie mit einer weicheren Rührung. Meine eignen Kräfte sind gebrochen.

Die Gegend um Zarskoje Selo ist offen und anmuthig: kleine Wälder, niedrige Hügel sind in spielenden Gruppen umhergeworfen. Die Natur will hier nur einen leichten freundlichen Charakter haben, damit des Menschen Werk in seiner Größe da stehe. Blendend prächtig erhebt sich der Pallast himmelan, und seine zurückspringenden Flügel geben eine Ahnduug von Unendlichkeit. Alle Umgebungen sind kolossal, und durch Alles wird man zur Bewunderung des Menschen gestimmt. Ich überließ mich ihr mit heiligen Schauern, und trat dann zu den Felsmassen, die zu ungeheuren Denkmalen des Heldenruhms geweiht sind. Die Siege bei Kagul, bei Tschesme und Morea reden aus ihnen mit einer schauerlichen Gewalt. Alles fühlt sie, und kein Laut wagt sich in diesen erhabenen Bezirk. Die Seele des Menschen ist hier ganz allein mit sich, und soll sich ungestört an ihrer eignen Größe weiden.

Nur die Liebe trat auch an diese Stäte. Heiliger habe ich dich nie geliebt, Regina. Ich drückte meine Hand zusammen, denn ich glaubte, deine zu fassen, ach wie es sonst geschah, wenn ich dir von großer Vergangenheit sprach.

Geliebte! Geliebte! da kommt mein Albert auf fliegendem Roß aus Petersburg, und hat einen Brief, den er mir freudestammelnd herreicht. Ich glühte und zitterte und konnte ihn nicht fassen. Ich war in dem unseligen Wahn, er müßte von dir seyn. Nein, er ist von Alberts Schwester, aber spricht von dir, von dir!

Auf meinem Zimmer bist du gewesen? hast dort geschrieben, geweint? unaussprechlich traurig hast du bis zur Nacht auf meinem Sofa geruht? Wo ist das Blatt, auf dem die geliebten Züge stehn? O ich erkenne die Thränen, die sie verwischt haben, und diese Thränenflecke sprechen deutlicher als alle Worte, glühender: sie brennen an meine Lippen, meine Augen, meine Seele.

Grausames Weib, unglückliche Geliebte! dies Eine Blatt hättest du mir und der Liebe noch gönnen dürfen. Warum gabst du es nicht an Alberts Schwester? Deine Thränen gehören ja mir, deine Thränen.

Ich rechne hin und her, an welchem Abend du mein ödes Haus betreten hast, und wo ich da war, in welche Empfindung versenkt? Alberts Schwester nimmt es wenig genau mit Tagen und Wochen. Und doch kann es kein andrer Abend gewesen seyn, als der mir ewig unvergeßliche. Ein schneidender, ausdörrender Wind war den Tag über die Ostsee gegangen; aber in den Abendstunden sagten die Schiffer, daß er nun in Thau hinweg müßte. Und ein feuchter Duft legte sich auf unser Fahrzeug, auf Klippen und Küste, und ein blasses Abendroth durchschimmerte ihn ungemein lieblich. Unser Schiff glitt langsam, und seine ganze Mannschaft war still heiter. Ich hing mit sehnsüchtigen Blicken an einem Vorsprung des Ufers, der wie lebend auf die Wogen trat. Bald bemerkte ich, daß ein Fels auf ihm ganz so lag, wie mein Haus auf seiner Anhöhe: um ihn her rauschten dicklaubigte Wipfel. Ganz bleich fiel noch die Abendröthe an ihm hernieder. Eine duftige Gestalt geht an ihm hinauf, und weilt oft sinnend. Dann sinkt sie nieder und breitet wehmüthig die Arme aus. Ich sagte mit zitternden Lippen: Regina! und plötzlich strömte Regen nieder und alles war verschwunden.

Von dem Gedanken, daß du an diesem Abend auf meinem Zimmer gewesen, kann ich mich nicht losmachen. Alberts Schwester muß schlechterdings in ihrem Kalender den Tag auffinden. Ihr Bruder hat schon gemerkt, daß ich ihn wissen will, und wird ihr keine Ruhe lassen. Der innige Junge! Bisweilen erwähnt er eines Zuges unsrer Vergangenheit, hat auch wol den Muth, deinen Namen zu nennen, und ich forsche nach den Stellen, wo in seinem Gesicht, auf seinen Kleidern deine Blicke geruht haben.

Du wärest weit hinweg gereiset, schreibt die Kleine, nach einem Lande, wo die Katholischen ihren Herrn hätten. Es ist mir so wohlthuend, dich in Italien zu wissen, dem Garten der Erde, dem Wohnsitz der Kunst. Deine schöne Seele wird schwelgen im Schönen, und es wird dich zu einer würdigen Thätigkeit führen, und unsre Liebe wird aus den Flammen des Schönen immer unsterblicher emporsteigen. Ich kann dir nicht sagen, wie mich zu allem Guten und Grossen der Gedanke treibt, daß die Liebe, je mehr ich an jenem Theil habe, je höher in mir werde, und es ist Labsal, die Schmerzen der Liebe dadurch zu überwinden, daß ihre Kraft sich mehret.

Du im Süden, ich im Norden! Es kommt mir fast vor, als meine das Schicksal es gut mit uns. Die südliche Weichheit mit ihrem anmuthigen Reichthum legt sich heilend um die wunde weibliche Seele, die der Norden mit seiner Dumpfheit, seiner Riesenkraft erdrücken würde. Ich hätte im Süden nur stete Aufregung meiner Erinnerungen gefunden, durch den unaufgefordert sich darbietenden reichen Genuß nur ewig rege Schmerzen der Liebe. Nur durch Ringen der Kraft gegen die Kraft gewinnt der Mann seinen Frieden.

Immer sehntest du dich nach Neapel, und gewiß hast du dort deinen Aufenthalt gewählt. Tückisch sind dort die Pulse der Erde. Könnte ich dir die sichern Erdschollen des Nordens geben. Ach ich glaube dich nirgends sicher, als da, wo ich bin. In meinem Arm hättest du ja Alles: in ihm könntest du nichts mehr verlieren. Selbst deiner Sicherheit wegen hättest du nicht so über das Schicksal unsrer Liebe entscheiden sollen.

Schlummre süß, schlummre sicher in der wollüstig warmen Nacht deines Himmels! laß Bilder vom Norden in deine Ruhe eindringen, Träume von mir! schlaf süß und sicher.

Heil mir, daß der Bande immer mehr werden, die mich zur Freude, zum Muth des Lebens zurückbringen. Es kommen Stunden, wo es wieder in meinen Adern glüht.

Wegen der Verhältnisse unsrer Gesandtschaft konnte ich es nicht verweigern, mit einer zahlreichen Gesellschaft auf Landsitze zu gehn, die in der Nähe von Petersburg nicht entfernt von einander liegen. Der kurze Sommer ist hier unaussprechlich schön, so lieblich und doch ermuthigend: da ist keine Spur der Erschlaffung, welche die Schwüle des Südens bewirkt. Ihm gleicht der Geist der Gesellschaft, die sich immer frisch erhält, da die Landsitze täglich ihre Gäste gegen einander austauschen.

Anfänglich ward es mir schwer, in diesen Wechsel zu stimmen, und seine Gestalten gingen mir todt vorüber oder beunruhigten mich. Wem die Eine Liebe unverändert in der Brust steht, dem kann nicht anders seyn. Aber nun ist mir wohl, denn mich umgiebt es, wie ein schöner Wiederschein unsrer Liebe.

Die unbezwingliche Sehnsucht nach dir, Geliebte, hatte mich gestern von der Gesellschaft weg in die Einsamkeit eines Wäldchens getrieben. Ich war lange abwesend. Man hatte Boten ausgeschickt, mich zurückzubringen; und wie ich in den Saal der Gesellschaft trete, neigt sich gegen mich wie aus einem Traum eine wohlbekannte, himmlisch schöne Gestalt. Es war Emilie, und sie war es nicht. Alle ihre Blüten waren aufgeschlossen. Sie war dir noch ähnlicher geworden. Nie habe ich solchen zarten Schmelz der Jungfräulichkeit auf solcher Pracht der Schönheit gesehn.

Sie hatte noch keine Sylbe gesprochen, und stand wie von Scham und neugierigem Drang und der Freude, einen Bekannten hier zu finden, vorgedrängt und zurückgezogen, als ihre Mutter mir entgegen kam, und mit ihrer majestätischen Freundlichkeit mich bewillkommte. Nun fand auch ich die Sprache wieder. Ich hörte, daß eine Erbschaft ihrer Familie in Liefland sie nach der Residenz gebracht habe, und daß unsrer Gesandte einer ihrer nächsten Verwandten sei, daß sie auch bei ihm während ihres Aufenthalts in Petersburg wohnen.

Emilie blieb etwas in der Ferne, wie da ich sie zum erstenmal sah; aber ihre Blicke sprachen mir in die Seele, als wüßten sie gewiß, daß sie dort verstanden würden.

Regina, du hast nie auf Neapels gepriesenen Fluten eine Nacht verlebt, wie meine letzte; und war sie eine Nacht? Aus dem Abendschein schifften wir unmittelbar über in die Morgenröthe.

Er lag noch auf der Newa und an den Spitzen der höchsten Masten spielte schon der Stral der Frühe. Der Strom war bedeckt mit Fahrzeugen, und die Volkslieder der Russischen Schiffer schwammen mit sanften Weisen in dem milden Glanze, zu dem die Luft und alle Gegenstände geworden.

Die Gesellschaft in unserm Nachen war sehr klein und erlesen. Im Hintertheil auf zwei Bänken saßen Emilie und ich. Sie war sehr bewegt, und mitten unter den anmuthigen Regungen ihres Gefühls sagte sie mir mit einem unaussprechlichen Blick: es war nicht gut, daß sie unser Haus so wenig besuchten! und hastig fiel ich ein: nun sind wir fern vom Vaterlande auf engen Brettern verbunden. Die Vergangenheit kam ungestüm über mich; ich wußte nicht, was ich antwortete. Sie sind blässer und trauriger, als damals! sagte sie mit weichem Ton. Ich hielt mich nicht ich ergriff ihre Hand und drückte meine Augen darauf. Als ich wieder aufblickte, sah sie mich mit thränenden Augen an, und saß vor mir in Glorie. O Regina, könnte ich ihr Bild aus dieser Stunde dir geben.

III.

Es gab oft Augenblicke seit unsrer Trennung, wo mich eine Angst nach deinem Anblick ergriff, eine Wuth der Sehnsucht, die mir das Herz aus der Brust rang, daß ich in blinder Angst mich nicht zu retten wußte, bis endlich heisse Thränen oder Schlummer der Ermattung diesen Zustand auflösten. Sie werden immer seltener, aber dein Blick steht ruhig liebevoll, unveränderlich vor meinen Blicken. Eugen! wie ist dir? bist du glücklich? du mußt es seyn, ich bin es ja von dir. Tiefe Stille ist um meinen Geist, in welcher ich ungestört die Stimmen in meinem Innern belausche, die mich immer mehr über das Leben aufklären. Selbst die Wehmuth ist verschwunden, mit der ich sonst zu Poggio Reale und unter den Trümmern verweilte, die hier rings die Gegend schmücken. Der Geist des Lebens schreitet zu seinem Ziel, und zertrümmert die Formen, in denen er sich offenbart hat, und erscheint in immer herrlicheren aufs Neue. Ein Wunsch bewegt mich unaufhörlich: daß du diesen Zustand meiner Seele kennen mögest, daß du wissen mögest von mir. Es will mir nicht mehr gnügen, daß einst nach meinem Tode dich diese Blätter treffen. Ich wende alle Kräfte, alle Zeit darauf, mich weiter zu bringen in der Kunst, die ich liebe, meine Liebe zu dir, meine Gedanken, meine Seele darin auszudrücken, in geliebten Hyroglyphen dir verständlich.

Du würdest dann im fernen Norden davor treten, und auf dem unbenannten Werke erblicktest du die Gegend, wo du gelebt, Blumen, die du einst geküßt, aus der Handlung spräche ein Herz dich an, das du gekannt, die Seele des Ganzen wäre Liebe, Liebe, die du belebt hast, die von dir lebt, Regina's Liebe.

Es genügt oft, ein Vorhaben der Seele einer andren Seele zu vertrauen, um es zur Ausführung zu reifen. Seit ich dir den Wunsch vertraut habe, in irgend einem Werke der Kunst mich dir noch einmal zu nahen, ist er so lebendig in mir geworden, hat die Vorstellung des Augenblicks, da du es sehen würdest, hat deine Freude daran mir keine Rast gelassen, bis sie mich zur Erfüllung getrieben. Gestern Abend fuhren wir auf dem Golfo spatzieren. Das Meer war spiegelhell, die Sonne ging unter, der Abendglanz brach noch wie aus dem Grunde herauf, und durchdrang die Fläche mit rosigem Schein, der sich gelblich gegen das Ufer und Kapua hin verlor. Unzählige Fahrzeuge durchglitten die Fläche, und unsre kleine Barke schnitt mit vielen, die mit flatternden Wimpeln geschmückt waren, gleich einem Vogel durch die Flut. Ich lag halb, und schaute in die klare Tiefe der Wogen, die Höhen über mir; ich dachte an dich mit unbeschreiblich liebevoller Sehnsucht, an die Weite, die uns trennte, an die vergangenen Stunden voll Seligkeit; meine Blicke wandten sich zu dir gen Norden, da erblickte ich Kapua, das aus den Wogen ragte in der Richtung, wie wir es sahen, gleich dem Felsen in dem Strome vor deiner Terrasse; und über das Vorgebirge mitten über dem Meere stieg unser Stern empor, himmlisch klar. Ich stürzte nieder auf meine Knie in der Barke, ich schlug die Hände an meine Brust, ich sandte meine Blicke mit aller Sehkraft zu dem Sterne, ich war außer mir, ich zitterte, ich sah deinen Blick, deinen Blick, dein Auge aus dem Norden. Thränen überströmten mein Gesicht, ich konnte nicht Ruhe finden auf meinem Lager, und plötzlich wie eine Eingebung kam mir's: diesen Blick! Weinend, mit zitternden Händen, halb von Furcht, halb von Drang, ergriff ich das Crayon, und riß die Grundzüge des Gemähldes über das Papier. Ich konnte den nächsten Morgen nicht erwarten, die Leinwand aufzuspannen. Sobald der Tag anbrach, schickte ich zu einem Künstler, der dergleichen für mich besorgt. Als ich den Rahm erhalten, trug ich ihn mit eignen Händen in mein Kabinett, hängte ihn auf, und zeichnete im Mittelgrunde das Meer zu beiden Seiten, im Vorgrunde eingreifende Ufer, wo unter Trümmern und dunklem Gebüsch Volkamerien, Rosen und all' die gänzenden Blumen, die unsrer Liebe heilig sind, blühen; zwischen ihnen eine verschleierte Gestalt auf den Knieen, die Arme erhoben zu einem Felsen, zu deinem Felsen, über welchen eine hohe weibliche Gestalt sich erhebt, in sanftem Lichte, das aus einem Stern über ihrem Haupte herabfällt auf sie, und sich bricht in dem weissen Blätterglanze einer Tuberose, womit sie empor deutet nach dem Stern. Ich arbeitete den ganzen Morgen, bis der Entwurf vollendet, die Farben angelegt waren. Und wie nun das Ganze vor mir stand, da sank ich wirklich nieder auf die Knie vor meiner Staffelei, und erhob die Arme voll unaussprechlichen Entzückens, und erhob meine thränenden Augen, ich fühlte dich mir nah, als wären wir nicht getrennt, mir winkte die Gestalt zu den Sternen, zu unsrem Stern. Ja dort,

dort ist das Mutterland unsrer Liebe, dort waren wir vereint, eh' wir waren, dort werden wir seyn, vereint für alles Seyn!

O du glaubst nicht, welche Freudigkeit mich erfüllt, seit ich an dem Gemählde arbeite; täglich entdecken sich mir neue Tiefen der Kunst, täglich mehr werde ich inne, was mir fehlt, und mit unveränderlichem Streben ringe ich, die Vollendung zu erlangen, die mir vor der entzückten Seele schwebt. Ein neues Daseyn hat für mich mit dem Bilde begonnen; ich habe wieder Muth und Freude am Gelingen, es ist für dich!

Durch alle meine Verhältnisse dringt diese Frische mit neuem Leben; mein Mann, der alle Fertigkeit achtet, alle Emsigkeit, freut sich meiner Fortschritte, meines Fleißes, den er an meinem Sitzen bemerkt. Ich bin auch gerechter gegen sein mühsames Streben, das ich besser einsehe. In Kirchen und Gallerien treffe ich viele Künstler, ich lasse mich gern belehren, wir gerathen in Verbindung, und es beginnt ein gesellschaftli- ches Leben in unsrem Hause, welches ihn freut. Im Begreifen der gewöhnlichen Verhältnisse, in Fertigkeit, sie zu benutzen, ist er jenen überlegen, in Begier zu genießen, treffen sie meist zusam- men, in ihren besseren Augenblicken überläßt er sie mir; und ihn belustigen ihre excentrischen Aeus- serungen.

Ich habe dir schon oft von einem Jünglinge erzählt, der mir, als ich zwölf Jahre alt war, zuerst ein Gefühl eingeflößt, das ein entferntes Aufstreben war zu dem, was ich ganz und ein- zig nachher für dich empfunden habe.

Er war der Sohn eines reichen Kaufmanns: sein Vater wünschte ihn zu seinem Geschäft zu bilden, doch er mogte den Handel nicht, und sagte mir oft, wenn er von dem Comptoir zu uns kam, man werde ihn durch deir Zwang, den man ihm anthue, zu dem Entschluß bringen, sich selbst davon zu befreien. Eines Morgens war er dann verschwunden, und nach einigen Wochen schrieb er seinem Vater von einer berühmten Universität, der Vater schickte ihm Geld, und starb bald darauf. Den Sohn hatte ich nicht wieder gesehen, auch hörten wir nicht, welcher Wissenschaft er sich gewidmet. Er hatte keine Stätigkeit zu irgend einem bestimmten Geschäft, alle Regel war ihm unerträglich, die Flöte spielte er vortrefflich, und auf eine ganz eigne Art, meist lauter Phantasieen: mich ergriff immer eine Bangigkeit und Betrübniß bei seinem Spiel. Vor allem hatte er einen Choral, wo es war, als ob ein Leichenzug über das Feld einen sonnigen Berg hinan stiege, und von unten herauf Glocken zwischen dem Todtengesang klängen. Ich habe nie wieder etwas ähnliches gehört und empfunden.

Vor einigen Tagen wachte ich noch spät in der Nacht, ich sah die schöne Natur, die tiefe Stille des Abends lag um mich, und meine Seele ging auf voll Licht, wie eine weisse Blume. Ich dachte die Seligkeit des Geistes, der mit einem Gedanken seines Innern diesen Abend zum Entzücken von Millionen lebendigen Geschöpfen gebildet, und alle diese Geschöpfe, deren Leben sich seiner freute. Ich fühlte, daß er von seiner Seligkeit auch mir gegeben, indem ich seine Schöpfung mit menschlich wahrem Sinne genösse. Die Zukunft unzähliger Geschlechter, die sich auf der Stelle, wo ich stand, noch freuen, und noch leiden sollten, ging durch meinen Sinn, und meine eigne Existenz in jener Zukunft. Ich weiß selbst nicht, wie mir bei dem Gedanken die Erinnerung an jenen Choral erwachte, aber sie war noch nicht zum Bewußtseyn geworden, als er von gegenüber her wirklich durch die Stille schallte. Ich glaubte anfangs, es sei Täuschung meiner erhitzten Phantasie, aber die Melodie klang fort, ich nahte mich mit leisen Schritten dem Fenster, das in eine Seitenstraße geht, und hörte sie nun deutlich aus den geöffneten Mittelfenstern eines grossen Gasthofes tönen.

Du kannst nicht denken, wie bewegt ich wurde. Jene Kinderliebe, die wie ein dunkler Keim in meine Seele gelegt ward, aus der sich die unaussprechliche Liebe zu dir entfaltet hat, und mein ganzes Schicksal gebildet; alles kam mir so tief in die Seele, und zog mich mit trüber Freudigkeit und Vertrauen zu dem Freunde der Kindheit, der unvermuthet mir so nahe war in der Nacht. Ich trat an das Fenster und rief leise: „Wilhelm, bist du es wirklich?“ Ich hörte, daß er die Flöte zu Boden warf, und mit der gewöhnlichen Heftigkeit zum Fenster schritt, und lauter rief: „Regina!“

„Ja ich bin es,“ sagte ich, „o komm doch morgen zu mir!“

Er wollte sogleich herüberstürmen, ich wollte es nicht: „Fratzen!“ rief er, stampfte mit dem Fuß und zog sich ins Zimmer zurück.

Seine ungestüme Art beleidigte mich, es that mir schon leid, daß, von meinen Empfindungen überwältigt, ich mich ihm zu erkennen gegeben. Ich erwartete nicht ohne Unruhe den Morgen, alle meine Gedanken waren zertrümmert, und ich suchte Frieden im Schlaf, vor dem dein theures Bild mir immer wie ein lichter Engel schwebt, bis er mich überwältigt und begräbt.

Ich glaubte, er werde sogleich am nächsten Morgen kommen, allein er kam nicht; es war schon gegen Mittagszeit, und ich ward irre, ob das nächtliche Abentheuer nicht ein Traum gewesen, da trat er in die Thür.

Ich erblaßte, und konnte mich zitternd kaum erhalten; er reichte mir die Hand, aber ich entsetzte mich, wie sein Gesicht mir nahe kam.

Es muß ein Ausdruck, eine Sympathie in gewissen Gesichtern liegen, daß wir nur solche und ähnliche lieben können.

Wilhelm sieht dir wirklich einigermaßen ähnlich, sein Gesicht trägt Spuren, daß es ehedem noch mehr der Fall mag gewesen seyn, aber es ist fürchterlich entstellt. Alle Farbe, aller Glanz ist davon gewichen, es ist erdgrau und voll tiefer Furchen, wie alte Urgebirge: nur in seiner Haltung, wie er hereintrat, und mich begrüßte, war Freiheit und Freundlichkeit.

„Ich

„Ich habe mich wol verändert?“ fragte er.

„Sehr,“ sagte ich.

„Aber du auch,“ fuhr er fort, „du bist so blaß und siehst leidend aus; bist du krank?“

Ich fragte ihn, ob er noch oft die Flöte spiele.

„Nein,“ sagte er, „wer weiß, welche Laune hat mir das alte Instrument gestern in die Hand gegeben.“

Er stand bei diesen Reden vor mir, ich ließ ihm einen Sessel reichen, er stellte sich dahinter, stützte sich auf die Lehne, und bewegte ihn unaufhörlich, indem er darüber weg sprach. Freude, mich wieder zu sehen, bezeugte er nicht; ich fragte, was er treibe? was sein Geschäft wäre? was ihn nach Neapel gezogen? „Nichts,“ erwiederte er, „ich thue so viel wie alle. Ich reise; ich wollte, die Erde wäre noch hundertmal so weit.“ Mir wurde nicht wohl in seiner Nähe, wir schwiegen nun beide lange still, er sah mich an, der Ausdruck seines Gesichts wurde immer wehmüthiger, mir traten Thränen in die Augen. Er faßte meine Hand: So ist es, Regina," sagte er, „ich wollte, ich wäre todt."

Mein Mann kam, ich stellte ihm Wilhelm vor, aber ich sagte nichts von unsrem kindischen Verhältniß, nichts von der Art, wie ich ihn hier gefunden. Ihn verdrießt jede tiefere Aeußerung meines Gemüths, und ich fühle, daß sie uns mehr von einander entfernt. Er bat ihn zu Tisch. Wilhelm erzählte von seinen Reisen in Asien. Die Kraft, womit er ganze Gegenden mit dem Eindruck darzustellen wußte, welchen sie erregten, ergetzte uns: er schien sehr ruhig, während er sprach, aber sein Gesicht verrieth, daß es nicht der ganze Mensch war, welcher sich äußerte. Er trank viel Wein, ohne daß seine Stimmung mehr hervorbrach. Schlaff und doch heftig äußerte er sich nur einmal, daß ihm nichts in Neapel so gefalle, als daß man den Tag meist verschlafe.

Bald nach dem Essen verließ er uns; sein

Besuch hatte mich sehr traurig gemacht. Ich habe so viele Menschen gesehen, und so wenig, die ihren Geist tüchtig gehalten, alle Kräfte ihrer Natur zu erkennen, und ihren Beruf zu bestimmen und sich harmonisch dahin auszubilden: so viele, die sich wie einzelne dunkle Trümmer in dem Leben umhertreiben, ohne Zweck, ohne Lust, ohne Schnellkraft es zu verlassen. Und ich — mein Gemüth wird nie mehr heiter werden. Was ist die gute Zeit in meiner Ehe? Es sind ihr Zufälligkeiten, was sie veranlaßt; und wenn der Friede eines so nahen Verhältnisses durch Zufälligkeiten gebracht wird, wie halb ist es, wie wandelbar ist der Friede. Deiner Liebe dank ich ihn; und du, bist du glücklich?

Es ist Freude in mir, daß ich mich mit Willen und Erfolg im Leben fühle, die Ausbildung vieler Kräfte aus dem ahne, wie sie sich bereits entwirkt hat, daß nichts in mir ihr stilles Wirken hindert; aber sie ist eines mit dem Schmerz, daß ich dich nie beglücken werde, daß ich nie vereint mit einer gleichen Seele ihre Entwickelung mit frohem Wirken befördern werde, daß ich dich um dieses Glück bringe und meinen Gemahl.

IV.

Durch Emilie haben meine Tage an Licht und Farbe gewonnen, und das Gestaltlose ist ganz vor meinen Blicken entwichen. Auch leben wir beide nur für einander hier im Norden, und sie lächelt oft darüber, daß wir dies auch im Vaterlande hätten thun können, und deshalb nicht eine so weite Reise zu machen brauchten. Sie ahndet nicht, wie mir diese Bemerkung durch die Seele geht. Auf dem Boden der Liebe jagten mich Flammen umher; wie hätte ich im Vaterlande mit ihrem schönen, sturmlosen Gemüth so traulich walten können.

Das innige Vergnügen, womit ich dich in die Hallen der Geschichte führte, womit dein zartes Urtheil, dein immer treffendes Gefühl mich in der Welt der Griechen und Römer erfüllte, genieße ich von neuem, indem ich Emilie vor dieselben Gegenstände führe. Wie frisch in einer solchen Seele das große Alterthum aufgeht.

Bisweilen will ich Vergleichungen zwischen dir, Geliebte, und meiner Freundin machen, und dann fühle ich ganz, wie ich euch Beide in Einem Bilde umfasse, wie sie nur durch dich in meiner Seele heimisch ist; ich kann euch nicht trennen. Eines glaube ich indessen bemerkt zu haben. Emilie ist an schaffender Phantasie weit nicht so reich als du, und in ihrer Gegenwart ist nicht das zauberische geistige Wesen, wodurch ich sogleich befangen und unauflöslich an dich gekettet wurde. Aber ihr Gemüth ist himmlisch rein, ihr Verstand eindringend. An Schönheit übertrifft sie dich, nicht an Anmuth.

Wir leben nun schon Wochen traulich zusammen, und noch ist es mir nicht möglich gewesen, dich gegen Emilie zu nennen, und sie hat deiner nicht erwähnt. Als ich sie zum erstenmal sah, floß meine Seele über von dir; und jetzt scheue ich mich, deiner vor ihr zu erwähnen, und sie fragt nicht einmal nach dir, obgleich tausend Veranlassungen sind, wo ihr meine Aeußerungen über dich einfallen müssen. Warum ist es so?

Gewiß hat sie von unsrer Liebe gehört, denn ihre Mutter hat bisweilen darauf angespielt, und so schweigt sie wol aus Zartheit; und ich, dem es Wonne seyn würde, diese schöne Seele in die Vergangenheit unsrer Liebe einzuführen, vermag es nicht, weil ihr milder Busen wol noch von keiner Leidenschaft bewegt wurde.

Darüber mögte ich ihr Vertrauen befragen. Sie wird blaß und roth mit wiederholtem Wechsel, wenn ich in unsern Gesprächen über die Geschichte, der Liebe als einer Leidenschaft erwähne, und ihre Freude an mir wird dann auf einige Zeit gezwängter. Zeige ich ihr bald darauf etwas in der Landcharte, so legt sie nicht ihren Lilienarm auf meine Hand, und ihr Athem spielt nicht an meiner Wange, wie sonst auf die traulichste Weise geschieht. Sollte auch über diese

Natur der Sturm der Leidenschaft schon gefahren seyn?

Die Gegenwart ist so schön, und doch nur ein Nachbild unsrer Vergangenheit, und zuletzt ist nichts in mir, als Schmerz. Regina, Regina! Viele Mittel hat die Zeit, womit sie so und so lindernd sich um das menschliche Herz legt. Aber über die Wunde seines innersten Wesens hat keine Zeit irgend Gewalt. Der Schmerz ewig verurtheilter Liebe ist ein Eigenthum der Ewigkeit, und vergebens nagen an ihm die Augenblicke.

Nur jetzt, nur jetzt, auf einen Augenblick nur, mögte ich dich an mein Herz drücken, und wenn unmittelbar darauf Vernichtung folgen müßte. Welche Nacht! Nichts in der Natur ist in Schlaf begraben: alles ist rege, und das Leben redet zu mir mit geheimnißvollen Stimmen, die am lärmenden Tage verstummen. Um Mitternacht ist es so helle, daß ich die Blätter deiner Liebe in ihren kleinsten Zügen deutlich sehe. Ich kenne sie freilich genau, ohne sie vor mir zu haben: so lange meine Gedanken nicht vernichtet sind, leben diese Züge der Wonne, des Wehes mit jeder Eigenthümlichkeit.

Dennoch lese ich sie oft, als hätte ich sie kaum empfangen, und die geliebte Hand, die sie schrieb, bewegt sich vor mir mit unsäglichem Liebreiz. Da liegen sie vor mir und sehen mich mitfühlend an; und Emiliens Töne greifen ein in unsre stumme Zärtlichkeit.

Der Flügel, auf welchem ich wohne, stößt hart an die Newa, und eben so der andre mir gegenüber, wo Emilie mit ihrer Mutter ihre Zimmer hat. Weil die Schicklichkeit uns nicht erlaubt, diese göttlichen Nächte wie viele schöne Stunden des Tages traulich zusammen zu seyn: so haben wir uns ohne Verabredung versprochen, uns je und je Zeichen zu geben, daß wir dieselbe Offenbarung der Natur zugleich empfinden und verstehn. Ihr süßer Gesang giebt ihr dazu ein herrliches Mittel, und alle ihre Weisen hauchen eben den Geist, in welchem jedesmal der Reiz der Nacht gefühlt seyn will. Zum Glück sind die Flügel nicht weit von einander getrennt, und so gelingt es mir leicht, eine Blume, einen Zweig in ihre Fenster zu werfen, und sie dadurch zu einer neuen Entwickelung der Sommernacht zu rufen.

Sie tritt hervor in diesem Augenblick. Die schlanke Gestalt steht leuchtend dort, die Augen wie Sterne über die Fluten schauend. Sie ist wie die Tuberose, stralend und duftend in der Nacht, und herzergreifend.

Hätte das Schicksal dich an Emiliens Stelle gesetzt: so wäre meinem Leben alles Heil gegeben. Als Jungfrau, an die niemand ein Recht hatte, als unberührte Rose, die auf ihrem naturentsproßnen Zweige sich wiegt, wärest du vor mir gewesen, und die Liebe hätte ihren Himmel über uns gewölbt.

Ich glaube, daß Emilie mich würde geliebt haben, wenn ich mit einem ungebrochenen Herzen zu ihr gekommen wäre. Jetzt darf sie es nicht. Ein so vorzügliches Weib in der vollen Frühlingsfülle des Seyns muß eine volle unversehrte Seele von der Liebe fordern. Was sollte sie mit meinem Daseyn, dessen höchste Blüte einer andern gegeben wurde? wie kann ein Herz, das seine höchste Seligkeit schon verschwelgt hat, gegen sie gerecht seyn?

Daß ich dies hell erkenne, daß ich weiß, alles Leben mit ihr würde für mich doch nur Nachklang unsrer Liebe seyn, giebt mir die Haltung gegen sie. Ich würde mich selbst hassen, wenn ich mit meinem Edelsten, meinem Herzen, Betrug verübte, wenn ich Emilie um die volle Pracht der allgewaltigen, einzigen, ächten Liebe brächte, weil ich in ihrem Leben den herrlichen Nachschein meiner Liebe finde.

Regina, das Schicksal hat tückisch wider uns gehandelt, und du warest zu zart, seine Tücke zu brechen. Nun stehe ich zwischen dir und Emilien. Du hast mir entsagt, und ich muß auf sie Verzicht thun, wenn ich ehrlich bleiben will.

Meine Wunden sollen dadurch heftig aufgerissen werden: das gestehe ich mir. Aber Emiliens Herz soll nicht bluten.

Liebe Regina, gewiß, Emilie ist unaussprechlich liebenswürdig. Als ich heute in den Frühstunden zu ihr kam, fand ich sie auf das prächtigste geschmückt: sie sollte mit ihrer Mutter nach Zarskoje Selo zur Kaiserin fahren. Ich habe mich so früh angezogen, sagte sie, weil ich hoffte, sie würden kommen, ich wollte diese Stunde nicht durch den Putz verlieren. Mit einer unbefangenen Innigkeit, wie sie nur in deiner süßen Stimme liegt, holdseliges Weib, hat sie das gesagt, und ging plötzlich über zur Geschichte der Grachen, womit wir uns gestern beschäftigt hatten. Ihre Seele wird voll Glut, wenn sie das Aufstreben eines geringern Standes wider die höhern bemerkt, und ich kenne im ganzen männlichen Geschlecht kein Gemüth, welches den neuen politischen Geist so ergriffen hätte, als sie. Ich setze ihn darin, daß er alle Vergrößerung der natürlichen Ungleichheit durch Geburt, die bürgerliche Einrichtungen hinzuthun, zu tilgen sucht. Emilie kennt kein Verhältniß zu andern Menschen, als das der höhern Kultur und der Liebe.

Die Mutter kam dazu und mischte sich in unser Gespräch, und nie habe ich so wie heute empfunden, wie liebenswürdig die Tochter sie ergänzt. Sie spricht mit Verstand und Kenntniß, aber bleibt hohl und leer, wo die höhere Empfänglichkeit gefordert wird. Dann weiß Emilie in die Redensarten der Mutter ein Gefühl, ein Bild hineinzulegen, wodurch das Licht aufgeht. Ich glaube nicht, daß es vorsetzlich geschieht; es ist der unbewußte schöne Drang. Wenigstens sagt sie das Höchste erröthend und mit unsichrer Stimme.

Ich frage mich bisweilen: warum ich dies alles dir schreibe? Aber du wirst diese Blätter dereinst lesen, und sie sollen dir die reinste Wahrheit sagen. Eben über meine Stimmungen gegen die schöne Emilie müssen sie dir alles darlegen. Ich will nicht die Schwäche, daß ich dir Regungen meines Innern deshalb verhehle, weil sie dir augenblicklich wehe thun könnten. Das ist es einzig, wodurch meine Liebe für dich gemordet werden könnte, wenn ich je wahrnähme, daß du wegen welcher Absicht es sei, auch der wohlwollendsten, mir einen Zustand deiner Seele, eine Thatsache verborgen hättest. Da ist keine ächte Liebe, wo eine Behandlung des Geliebten möglich ist.

Sie sind zurückgekommen von Zarskoje Selo, und unter den weitläufigen Beschreibungen der Mutter von dem Hofe und der Kaiserin war Emilie verstummt. Als wir allein waren, sagte sie blos: unter den Denkmalen der Unsterblichen im Garten, an dieser Stäte allein auf der ganzen Erde, die ich kenne, würde ich den Tod nicht scheuen: er ist da kein Tod mehr.

Zugleich nahm sie das prächtige Geschmeide aus ihrem Haar, und schlug einige Töne aus Glucks Iphigenie an. Ich konnte ihrem Beginnen im Zimmer nicht genug zusehn, und bat sie um den Stern einer Tuberose, den sie abgepflückt und geküßt hatte. Sie gab ihn mir nicht, aber eine große Perle, die einem lichtvollen Thautropfen gleicht. In Klarheit wird sie bleiben! sprach sie, und setzte gerührt hinzu: Lieber Eugen, Licht und Thau geben sie meinem Leben.

Eine Thräne zitterte in ihrem Auge. Regina, diese Thräne war schön, wie die hehrsten, die du mir geweint hast.

Es kommt mir häufig so vor, als müßte ich Emilie seltener sehn und nicht mehr in so trauter Einsamkeit; aber es würde mir die einzigen Blüten meines Lebens nehmen, und sie tief schmerzen. Ihre Mutter selbst hält mich fest, und unsrer Gesandte dankte mir neulich, daß sich die Anlagen seiner Nichte durch meine Freundschaft für sie so herrlich und rasch entwickelten. Ich hoffe und fürchte, daß sich ihre

Seele liebend gegen mich neigt: schmerzen würde mich die Gewißheit, daß es nicht wäre, und doch muß ich es mit Redlichkeit wünschen. Will ich ihre Schmerzen, weil sie das Ergetzen meiner Tage geworden? und was sollte sie mit den Trümmern meines Herzens?

Meine ganze Seele wendet sich immer wieder zu dir, Regina. Wol durchzückt mich ein süßer Schauer, wenn Emiliens Gestalt mich zufällig berührt, wenn ihre wunderschöne Hand die meinige voll Freundschaft drückt, wenn ihr schmelzender Blick mit lieblichem Feuer in mein Auge fällt. Ach sie hat einen schwarzen Stern im Auge, wie du, der immer größer wird, so wie das Herz feuriger, wie bei dir, und auf einmal sich zusammenzieht in einen kleinen Feuerpunkt, der mit himmlischer Gewalt alle Nerven durchzückt. Sendet sie diesen Blick gegen mich, so dämmert es mir, und ich wage nicht, mit Flammen aus meinem Innern ihm zu begegnen, und Alles verschlingt die Erinnerung der Seligkeit, mit welchem himmelstürmendem Feuer ich deinen Sternenblicken gegenüber war, geliebte, ewig geliebte Regina.

Ich kann die Schwäche nicht dulden, daß man der göttlichen Liebe in geringerm Maaße sich hingiebt, als man sie schon empfunden: es ist ein Frevel darin, den man verübt, um Herz und Sinne immer in einem gewissen Ergötzen zu erhalten. Er wirkt fürchterlich, wenn er oft wiederholt wird, es setzt sich ein Raffinement des Herzens an, wodurch alle Religion unmöglich wird.

Mit Schaudern denke ich mir, daß ich nach langen Zeiten dich wieder fände, und du müßtest mir gestehn, daß dich nach unsrer Trennung noch einmal die Leidenschaft befangen, daß ein Andrer an dem Busen geschwelgt habe, der von mir die Liebe lernte. Unsre ganze Vergangenheit würde mir auf einmal entseelt seyn, deine Glieder würden mir nicht mehr blühen und duften, dein Geist mich nicht mehr wie Abendröthe ahnend rühren, ich hätte nichts mehr, was ich in die Fortdauer unsers Geschlechts mit hinübertragen mögte.

Emiliens Mutter und ihre Verwandten nehmen sich so gegen mich, daß ich deutlich sehe, sie würden einer Vermählung zwischen mir und dem holden Geschöpfe nicht entgegen seyn. Sie lieben sie mit der innigsten Herzlichkeit, und sind alle sehr gebildete Menschen, unter welchen der Gesandte eine entscheidende Stimme hat, und der will mir wohl über Alles. Was ich Gutes gewann durch Liebe und Kunst, rechnen sie mir hoch an.

Ich bemerke dies nicht ohne Rührung, zumal da ein junger Russischer Fürst sich mit Feuer um Emilie bewirbt. Gegen sein glänzendes äusseres Schicksal ist das meinige ein nichtiger Schatten. Er hat in Seeschlachten mit Ruhm gedient. Seine Gestalt muß auf den Wellen herrlich gebietend erscheinen. In seinem Wesen ist eine seltene Innigkeit; aber sein Geist ist oberflächlich gebildet, wiewol er die kultivirtesten Völker unsers Erdtheils besucht hat, und ihre Sprachen redet, in ihrer Literatur nicht unbekannt. Emilie, mit ihrer scharfen Beobachtung, ist sogleich durch die schimmernde Hülle der Bildung gedrungen, und seine übrigen Eigenschaften haben daher allen Eindruck auf ihr Herz verfehlt. Sie behandelt ihn mit allgemeiner Höflichkeit, und er fühlt sich dadurch beleidigt. Mit welcher Innigkeit und Ergebung er in jedem Cirkel ihr nahe bleibt, so habe ich doch bemerkt, daß er bisweilen, wenn ihre Kälte gegen ihn zu merklich wurde, ergrimmte und bleich wurde, ohne sein Bemühn um sie zu vermindern.

Gegen mich beweist er Scheu und Abneigung, und ich hörte neulich, daß er in einer Gesellschaft zu einem jungen Russen, mit dem er sehr vertraut schien, auf Russisch schneidend sagte: der Ausländer ist ihr Alles.

Wäre mehr in ihm, könnte ihn Emilie lieben, wahrlich ich trüge redlich mein zerbrochenes

Herz weiter, und lebte wieder ungetheilt und unmittelbar, ohne Nachklänge durch andre, unsrer Liebe, Regina!

Der kurze Sommer ist plötzlich entflohn, wie er gekommen. Auf einmal sind die Wälder ihres Laubes beraubt, die Winde schneiden eisig, die Newa wirbelt sich heftig, um nicht vor der Zeit mit Eisrinde bedeckt zu werden, und die ganze Nacht lärmten Regengüsse vom Himmel. Im vorigen Herbst hüllte ich mich dumpf ein, und ward immer stiller, je lauter es draussen stürmte. Nun riß mich der Tumult vom Lager und ans Fenster. Rabenschwarz war die Nacht zwischen den beiden Flügeln unsers Hauses, doch sah ich halb, hörte ich halb, daß die Newa den kleinen Garten zwischen ihnen ganz überschwemmt hatte. Emilie liebte ihn besonders, in seinen Lauben hatten wir oft allein gesessen, und dem Gewühl der Menschen aus verborgenem, stillen Grün zugeschaut. Die Verwüstung ängstigte mich unbeschreiblich. Da bemerkte ich noch Licht in Emiliens Gemach, und die äußere Finsterniß kam mir zu Hülfe, daß ich tiefer wie sonst hineinschauen konnte. Sie saß vor einem kleinen Tisch, auf dem mir wohlbekannte Tuberosen standen. Ich sah, daß sie oft mit einem weißen Tuch die Augen trocknete: sie weinte unaussprechlich. Meine Seele war bei ihr und küßte ihre Thränen. Endlich nahm sie die Kerze und ging in ihre Schlafkammer, langsam, bisweilen stillstehend, der Schmerz bewegte sichtbar die weisse Liliengestalt. Ob sie noch im Bette geweint hat? warum weinte sie? bin ich der Unglückliche, der auch diesen Augen Thränen entpreßt? Deine Thränen sind ja mein, Regina! O ich habe genug an ihnen.

Seine graue Nebelhülle hat der Himmel diesen Morgen angelegt, ängstlich schau ich auf ihn und auf Emiliens Zimmer, wo alles noch still ist. Schlaflos hat sie wol die Nacht verbraucht, und hofft noch am Tage etwas Schlummer für das schöne Haupt, das auf ihrem Arm sich in die Kissen drückt.

Auch dich muß ich mir trauernd denken, Regina. Aus dem heiligen deutschen Vaterlande haben mich Schmerz und Liebe gejagt: im Norden sitzt eine geliebte Gestalt und weint, im Süden die andre, und weint um mich. Zerreisse dich, graue Nebelhülle der Wolken: mein Herz bedarf des blauen Himmels.

Es ist mir Trost, mit dir, du traute Seele, zu reden, es ist mir Freude, daß ich wahr gegen dich seyn werde, das einzige Wesen, dem ich Rechenschaft über mein Herz schuldig bin.

Den ganzen Tag blieb es still in Emiliens Zimmern. Ich ging gegen Abend zu ihrer Mutter, wo ich einen zahlreichen Cirkel fand. Es hieß, das Fräulein sei unpäßlich gewesen, werde aber noch erscheinen.

Bald kam sie, schöner wie jemals, die Pracht der Jugend war etwas blässer geworden, rührend, ohne verloren zu haben. Ihre Blicke suchten mich, so wie sie eintrat, und mir schien es, mit Schmachten und Feuer. Zum erstenmal sah ich in ihrem Haar einen Blumenkranz, den ich ihr geschenkt hatte. Für mich hegte er einen geheimen Sinn, denn er war zusammengesetzt aus Blumen, die durch unsre Liebe geweiht sind. Sie war in weiße Seide gekleidet, ohne allen weitern Schmuck.

Der Fürst reichte ihr einen Sessel, und ich fragte mit unsichrer Stimme nach ihrer Unpäßlichkeit. Gewiß war in unserm Benehmen etwas, das die Gesellschaft fühlte. Plötzlich tritt der Fürst mit einem hastigen Schritt vor Emilie, indem ich ihr zur Seite blieb. Stürmisch reißt er das Gespräch an sich, bleibt doch immer höflich, fast zärtlich und feurig gegen das Fräulein. Nur gegen mich wird er schneidend und zweimal unartig. Ich war heute weniger als sonst in ruhiger Fassung, und behandelte ihn mit Bitterkeit. Der Gesandte merkte es, und bat mich leise um Sanftmuth. Ich nahm ihn mir vor, aber eben um ihn darthun zu können, setzte ich das Gespräch fort. Bald darauf machte der

Fürst, indem er mit Emilien redete, eine hämische Anspielung auf empfindsame Männer, indem er auf mich einen Seitenblick warf. Es schäumte mir über. Da nimmt Emilie meine Hand mit ihren beiden Händen und sah mich unbeschreiblich an. Der Fürst stampfte laut mit dem Fuße, und verließ ungestüm die Gesellschaft. Diese ward verstimmt und zerstreute sich bald.

Das holde Geschöpf und ich blieben allein. Sie erwähnte des Fürsten nicht weiter, zu zart, um seiner Leidenschaft und Eifersucht zu erwähnen. Alles an ihr war zärtlicher Klang, Säuseln und Duft. Sie redete nicht über ihre Unpäßlichkeit, ich hatte nicht das Herz, ihr zu sagen, daß ich ihre Thränen gesehn. Sie saß neben mir auf dem Sofa und sagte mir einige Stanzen aus Ariosto. Indem neigte sich bisweilen ihr' Haupt und die Blumen winkten mir fast ins Gesicht. Es waren meine und deine und ihre Blumen. Ich küßte sie leise, ich küßte sie wieder und meine Lippen berührten Emiliens Stirne, und das holdselige Mädchen lag in meinen Armen und an meiner Brust, und ich bedeckte ihren Mund mit glühenden Küssen. Wir sprachen keine Sylbe. Ich riß mich auf und eilte hinweg, und sie sah mir nach mit einem Blicke, der meine Seele zerreißt.

Regina! solche Küsse gehören einzig dir! dir!

Es mußte zur Entscheidung kommen. Ich ging diesen Morgen zu Emilien, wiewol meine Nerven vom gestrigen Abend bebten. Der Blumenkranz lag noch auf ihrem Schreibtisch. Ich nahm ihn und zitterte, und sagte: O Emilie, wenn du diese Blumen kennen mögtest.

Ich hatte sie niemals Du genannt: in dieser Stunde ward ich unwillkührlich dazu getrieben. Und sie sagte: Diese Blumen? und süßerröthend lispelte sie Du. Da brach mein Herz auf, und ich redete flammend über unsre Liebe. Was ich sagte, weiß ich nicht mehr; auch habe ich nicht bemerkt, wie Emiliens Angesicht inzwischen war. Aber als ich inne hielt, weinte sie, und sprach:

ich kannte deine Liebe, doch so nicht, und wollte dir ihre Qualen durch meine Liebe vergüten. Seit einigen Tagen ward ich an dir gewahr, daß es nicht möglich, und meine Thränenströme haben es mir nun in zwei Nächten bekräftigt.

Da stürzte ich nieder auf meine Knice und faßte ihre Hände, und rief: Engel, ich will dich nicht mit meinem Herzen betrügen: deine göttliche Fülle soll nicht an mein zertrümmertes Gefühl vergeudet werden.

Wenn du nur nicht so uns ansähest! sagte sie sanft und ruhiger. Dein Herz hat Raum für mich, und ewig werde ich mich sehnen, neben seiner Vergangenheit zu wohnen.

Nun kam ich zurück auf unsre Liebe, nun mußte ich mit ganzer Wahrheit es schildern, wie mich alles an ihr, nur als Nachklang von dir, ergriffen hätte, wie mich nie der Gedanke loslassen würde, daß das Schicksal die Schuld deiner Muthlosigkeit in der entscheidenden Stunde, von dir nehmen und uns vereinen solle. Da unterbrach ich mich selbst, und rief mit Qual: Das ist unmöglich, die Sünde wider die Liebe vergiebt sich niemals, sie gräbt sich in die Liebe ein, und zerfrißt das innerste Leben.

Meine Qual ward unaussprechlich, und Emilie schlang ihren Arm um mich, und tröstete mich, und hatte ihren Schmerz, ihre Liebe vergessen. Sie vertheidigte dich gegen jede Anklage, jede Schuld, sie sprach von der Hoffnung, daß wir verbunden werden könnten. Sie war wie ein verklärter Geist. Aber plötzlich stieß sie einen lauten Schrei aus, und griff nach ihrem Herzen. Sie lag in Ohnmacht. Ich mußte weibliche Hülfe rufen und mich entfernen.

Ewige Mächte! ich wandle auf dumpfen Abgründen und berühre euren Himmel.

V.

Wilhelm hat sich bei unsren Künstlern beliebt und angesehen zu machen gewußt; von ihnen wird er in meinem Kreise festgehalten, aus dem ich ihn gern entfernen mögte. Das Unvollständige erscheint oft eben durch seine Lücken der Phantasie kolossalischer als das Vollständige, wo kein Theil den andren überragt.

Oft schon habe ich gedacht, er sei meinem Gemüth so fremd, daß er mich gar nicht mehr berühre, aber dann besonders, wenn wir zuweilen allein sind, bricht ein Blick, ein Wort, ein Gespräch zwischendurch, voll so tiefen Gefühls, daß ich fühle, diese Entfremdung bestehe nicht durchaus: der ganze Eindruck seines Wesens erfüllt mich mit Schmerz, mit Schauer, den ich nicht überwinden kann, mich bangt über mich selbst bei ihm, wie bei einer schweren Ahnung.

Kein Mensch entfernt mich so von allem Vertrauen, und doch kenne ich durch ihn den Ort, wo du lebst, jede kleine Stelle deiner Umgebung; er bringt dich mir so nahe, daß mir ist, als sähe ich dich, ich denke dich mit der Klarheit, der Beruhigung, die mich sonst bei dir erfüllte. Ich denke dich heller und bestimmter, als du zuvor in meiner Vorstellung gelebt. Ich habe dich ihm nie genannt; es wäre mir unmöglich, von dir zu ihm, zu irgend einer Seele zu sprechen, ich habe ihm nichts von unsrer Liebe vertraut, und dennoch ist mir, als ob er darum wüßte, und wenn im Gespräch ein Gegenstand zufällig berührt wird, wobei alte Gedanken sich heraufwühlen, sieht er mich immer scharf und durchdringend an, daß ich seinen Blick scheue.

Geliebter Eugen! der Schmerz um dich ist durch ihn in meiner Brust verändert; es ist keine Sehnsucht mehr, keine Unruhe, kein Unbehagen, es ist etwas tiefes, unaussprechlich klares, das ganz für sich besteht, da ohne ich mein Leben nicht mehr denken kann. Die erste Unterredung hat es bewirkt, welche wir über Petersburg hatten. Er sagte mir, daß er auf seiner Reise nach Asien hindurch gekommen. Ach damals warst du noch nicht dort. Ich fragte ihn über die Lage der Straßen, das Thor, wodurch man einführe, die Sitten, die Stundeneintheilung. Er beschrieb mir alles genau mit der darstellenden Kraft, die er hat. Eugen! wie ich nun die Granitquais sah, die ungeheuren Palläste von Marmor mit goldenen Fensterrahmen, mit Scheiben von Spiegelglas; das Thor, wodurch du gefahren bist, ein viereckigter Granitwürfel mit Urnen von Marmor geziert, den beeisten Strom; die prächtigen Steine, die Pelze um Haupt und Gewänder der Frauen; den grauen Himmel, die Stürme, die kalte Luft, über asiatischem Luxus: eine neue Stadt durch Kraft eines Willens der unfreundlichen Erde trotzend aufgedrängt, und im Hintergrunde das graue ungeheure Wühlen des Meeres! Du dort! und hier ewige Klarheit und Ruhe, schwarzer Lavaglanz statt der Granitfelsen, üppiges Leben in der Natur, ein spiegelhelles Meer, ein leicht, oft idealisch bekleidetes Volk, das vom Fischfang, von spielenden Gewerben lebt! Ueberall Trümmer von Lebenssinn und Genuß zwischen den quellenden Pflanzen gleichsam aufgeblüht, an Jahrhunderte gemahnend, welche hier nach dem Willen der Natur gelebt und genossen sind; und alles Schöne der Gegend im Sonnenlichte verschwommen, wie in einem weichen Elemente! Eugen! Eugen! so sind wir getrennt. Es überfällt mich eine Wehmuth, wenn ich es denke, die meine ganze Seele erfüllt.

In dem hiesigen Klima ist jeder Tag ein Fest, und die ungewohnten Nordländer genießen sie so wie die wenigen schönen Tage in ihrem Vaterlande. Wilhelm muß bei ihren Orgien eckiger und frecher noch erscheinen als gewöhnlich. Sie hatten neulich meinen Gemahl dazu geladen; er klagte, daß ihm wie zwischen Wahnsinnigen gewesen sei. Sie hätten gestritten, gebetet, gesungen, deklamirt, aber Wilhelm sei vernünftig geblieben, und habe sie zu dem allen immer mehr angefeuert. Nach dem Essen hätte er weibliche Kleider angezogen, einen Schleier übergehangen, und so wären sie mit ihm durch die Straßen gezogen; so oft ihn Jemand angesehen, hätte er den Schleier gelüftet, und sein wirklich fürchterlich häßliches Gesicht gezeigt, vor dem zur Belustigung Aller sich die Vorübergehenden erschreckt hinweggewandt. Mein Mann hatte sich auf dem Zuge von ihnen getrennt, aber dennoch hatte er versprechen müssen, daß wir mit ihnen eine Reise nach Iscia machen wollten.

Gegen Abend kam Wilhelm noch zu uns. Mir war die Verkleidung widrig gewesen, ich erwähnte nichts davon, allein mein Mann that es. „Das setzte dem Feste die Krone auf," sagte er. Mit den Genies vermutheten sie Feines; und ich hatte meine Lust, wenn ich den Schleier aufhob, an den Gesichtern. Die guten armen Teufel glaubten den Teufel selbst zu se-

hen,

hen, der ihre Geckheit strafte, wenn mein Gesicht sie faßte, statt eines süßen Antlitzes, das sie zu fassen meinten." Seine kleinen grauen Augen blitzten trübe. Mir schauderte vor dem innern Grimm, womit er das sagte. Wenn er nur fort wäre, und ich brauchte ihn nie mehr zu sehen.

Eugen! Geliebter, ich wußte es, daß mir Wilhelm Unheil bringend wäre. Ich ahnete die Tiefen des Verderbens in meiner Seele, die er mir grell beleuchtet hat. Eugen! wie rächt sichs, daß ich deine Liebe verließ! Da ist Sünde, wo man nicht ganz mit allem Herzen, Seele und Sinnen im Leben lebt. Die Ruhe ist dahin, für die ich deine Liebe gab. Liebe mich nicht; mich, mich laß an dir hangen, ohne Hoffnung, ohne Begehren; ich habe Hoffnung gehegt, ungestanden, heimlich in der Brust, auf den Tod meines Mannes!

Ich hatte an deinem Bilde gearbeitet mit inniger Lust und Gelingen. Zu der Freude des Gedankens, daß es für dich sei, flog mir wie aus heitrer blauer Ferne auch die Lust hinzu, etwas zu schaffen, das Zeuge von meinem Herzen und meinen Sinnen wäre, das für sich bestände, Vielen zur Freude; da trat Wilhelm unerwartet zu mir in das Zimmer. Es war mir unlieb, wie ich seine Schritte hörte aus meinem Kabinet; ich schloß die Thür ab, und trat heraus, aber sein Anblick stillte plötzlich das widrige Gefühl, das mich seit seinem letzten Besuch gegen ihn erfüllte, und löste es in tiefes Mitleid auf. Er sah so vergrämt aus, so matt und doch freundlich. Nach langem Schweigen zwischen uns sagte er endlich, daß er von Iscia weiter gehen werde nach Afrika, und nicht zurückkehren nach Neapel.

„Aber wo wirst du endlich Ruhe finden?“ fragte ich.

Er lächelte. „Die Erde ist glücklicherweise so weit,“ sagte er, „daß ein ehrlicher Kerl gerade Platz hat, sich darin herumzutreiben so lange er kann; und am Ende werde ich wol so matt seyn, daß ich mich todtschieße oder immer schlafe."

„Hast du denn nie eine Seele gefunden," erwiederte ich, „bei der du hättest bleiben mögen, und immer mit ihr seyn?"

„Wohl gar heirathen?" versetzte er; „du solltest," fuhr ich fort.

„Damit mir doch eine Seele die ewige Ruhe wünschte, oder empfindsam klagte, daß mein Leben ihr im Wege sei, wenn ein andrer ihr gefallen, und sie zu ehrlich wäre, mich zu betrügen."

„Pfui, Wilhelm!" rief ich.

„Regina," sagte er, „ich kenne dich und alle Weiber, du wünschest es so gut wie eine, wenn du es auch nicht weißt. So seyd ihr. Und ihr seyd alle recht gut wie ihr seyd," setzte er leicht hinzu.

Er war aufgestanden, und besah eine Skizze von meiner Handzeichnung, die auf einem Tische lag. „Dir gelingt es," sagte er; „ich glaube, wenn einer glücklich seyn könnte, wärest du es. Ich wäre im Stande, deinen Mann umzubringen, dir die Freiheit zu verschaffen, nach freier Lust zu bilden und zu lieben."

Ich konnte nicht antworten. „Ich will nur schweigen," rief er, „ihr könnt nicht vertragen, daß einer seinen Gedanken ins Gesicht sehe." Er nahm den Hut, reichte mir die Hand im Gehen, und sagte: „bald sagen wir uns Lebewohl in Iscia!"

Ich blieb starr zurück, und seine Worte blieben in meiner Brust, und werden darin bleiben mit unvergänglichem Schmerz; denn er hat Recht, Eugen! O gewiß, ich habe mich nicht mit weichlichem Selbstbetrug geschmeichelt, aber es war eine Vorstellung in meiner Seele, die ich nicht ergründete. Ich habe mir immer eine Zeit gedacht, wo nach dem Tode meines Mannes ich frei leben würde für dich.

Es ist ein schrecklicher Irrthum, daß man ein Gefühl im Geiste bewahren, im Sinnenleben entbehren will, aus Schonung gegen widerstreitende Verhältnisse. Der Geist ist nicht frei, die Sinne sind befangen, es ist Streit, bei dem keine Kraft gedeiht, und wenn die Sünde auch nicht ausbricht, so lauert sie doch in dem Herzen, und man wird sich ihrer einst bewußt. Was that mein Gemahl, daß ich seinen Tod ohne Schrecken denke? wohin irren vielleicht die Kräfte seiner Natur, die nicht Befriedigung bei mir finden, wo sie sie finden sollten? Geliebter Freund, mir ist, als müßte ich dich sehen, als müßte ich zu dir, und diese Zweifel an dein liebes Herz legen. Oft kommt mir der Gedanke, daß ich meinen Entschluß zurücknehmen will, zu dir zu eilen! dann bricht die Vorstellung des Augenblicks, da ich es schon einmal wollte, mit aller schrrcklichen Gewalt wieder herauf in meinem Herzen. Und du! wie würde ich dich finden? Der Muth zu deinem Gemählde ist dahin, meine Ruhe ist dahin, ich schmachte, welke, und sterbe doch nicht. Wohl dir, daß du in keinem Verhältniß bist, das deiner Liebe Gewalt anthut; du kannst nicht glücklich, aber ruhig kannst du seyn; es ist die einzige Beruhigung, die ich noch habe.

Der Morgen geht auf ohne Freude, der Abend kommt, und der Tag dazwischen hat nichts in meinem Leben verändert. Ich glaube nicht, daß es so bleiben wird, ich weiß nicht, wie es sich ändern soll. Das Leben enthüllt sich immer mehr, oft zu spät, und wir ziehen keinen Gewinn von seiner Offenbarung, als die Gewißheit unveränderlichen Wehs. Mancher Gedanke bereichert meinen Geist, manches Wissen erweitert den Kreis meiner Vorstellungen, wozu? Ich habe nie Kinder gewünscht, als jetzt. Hättest du ein Kind, dein Kind würd' ich lieben, in deinem Kinde würd' ich leben.

Es soll mein letzter Brief seyn zum Abschied: lebe wohl! lebe wohl! sei glücklich; mögen die

Gaben aller Liebe auf Emilien ruhen, auf deiner Emilie. Ich werde dir nicht mehr schreiben, ich werde dein Gemählde nicht vollenden, alles soll Trümmer bleiben, Trümmer sollen zeugen von mir, wenn meine Seele, meine Liebe unvergänglich hinaufgelangt ist über das Leben der Zeit, welches in Trümmern verschwand. Bis jetzt noch hatte ich Hoffnung; unbegreiflich tief hat sie in meiner Seele gelegen, wenn ich auch dachte, sie sei verschwunden; mit Vernichtungsschmerzen habe ich einzelne Augenblicke da ohne gelebt; solcher Schmerz ist nun mein ganzes Leben. Wohl mir, es kann nicht dauern, sein bester Theil ist todt in mir. Die Leichenkälte schauert herauf durch meine Gebeine. Eugen! Ha, der Schrei hat mich erleichtert! Thränen, süße Thränen rinnen. Ich sehe dich, ich halte deine Hand; du hast mich geliebt, nicht wahr, du hast mich geliebt? du wirst leben, du wirst glücklich seyn, du bist nicht todt; was sollen denn die Schmerzen?

Ach ohne Freude stieg ich in das Schiff, die Schönheit der Natur rührte mich nicht, die unsre Gefährten mit Jubel begrüßten auf dem weiten Meere. Immer weiter trat Neapel zurück, und stieg in allmäligen Erhöhungen, die immer neblichter wurden, in den Horizont herauf. Ein frischer Wind kräuselte die Fläche, die fernen Gebirge gewannen Farbe und bestimmtere Form, wie wir nahten; wir flogen über die Fluten, bald hatten wir Iscia erreicht. Wir stiegen an das Land, und plötzlich war ich in Deutschland versetzt, durch deutsche Haine unter nordischer Bäume Rauschen ging ich entlang, wie in unsrem Vaterlande. Eugen! wir haben doch Ein Vaterland.

Alle, alle Zeiten unsrer Liebe waren mir unbeschreiblich gegenwärtig; kaum konnte ich das Klopfen des entzückten Herzens bändigen, als müßtest du nun aus diesen Bäumen treten. Jede Stunde vergangner Seligkeit kam zurück, jedes Gefühl, das ich allein durch dich empfunden. Es wurde mir innig gewiß, daß ich mit dir vereint werden würde, weil ich nicht leben könnte ohne dich Aus der matten Bangigkeit der Seele erhob sich mit stiller durchdringender Kraft der Entschluß, es zu wollen, ich wußte nicht wie, aber ich wußte, daß ich es ausführen würde.

So gehen wir immer bergan, und plötzlich öffnet sich der Wald; wir stehen auf einer Felsenklippe, die weitragend in das Meer hinaustritt, und in lebendiger Kraft und Fülle wühlen unter uns die Wogen. Diese Stelle hatte ich gedacht, so hatte ich die Liebe empfunden, wie ich mich sehnte zu vergehen im Wellengrunde mit dir. Und in dem Augenblick höre ich, daß Wilhelm, der neben mir steht, Petersburg nennt. Ich wende mich um, er spricht mit einem Fremden, der ihm sagt, daß er so eben von dort zurückgekehrt sey.

Wilhelm sieht mich scharf an, und fragt, in welchem Zirkel er dort gelebt; mein Herz schlägt hoch, er nennt den Hof, ich erblasse, unverwandt beobachtet mich Wilhelm, nennt deinen Namen, fragt nach dir, und der Fremde sagt, daß du verlobt seist, nennt Emilien, erwähnt jedes Umstandes. Meine Lippen wurden kalt, meine Augen erloschen in ihren Höhlen, der Schmerz, der mich niedergestürzt hätte, wäre er geringer gewesen, durchdrang mit seiner Gewalt alle Kräfte; ich hatte nicht einmal den Gedanken, mich hinabzustürzen. Wir stiegen wieder in das Schiff, ich weiß nicht, was dazwischen vorgegangen: das Wühlen des Meeres, erinnere ich mich, war mir angenehm. Dann stand ich in meinem Kabinet vor dem Gemählde, und fühlte die Vergangenheit wie ein blühendes Land in meiner Seele versunken, dunkel erinnerte ich mich ihrer Bilder. Am Morgen saß ich noch vor dem Gemählde, und das Bewußtseyn dämmerte herauf; ich weiß, daß ich einen Schleier genommen, es bedeckt, und die Staffelei auf die Seite gestellt habe. Hätte man mir einen Sarg gebracht, ich hätte mich ruhig darein gelegt, ich wartete immer auf etwas, und es war darauf.

Lieber Eugen, vielleicht bist du schon jetzt ein glücklicher Gemahl, viele Tage sind seitdem vergangen. Nur dieses mußte ich dir noch sagen;

nun keine Sylbe mehr; ich zage mit Thränen vor dem letzten Worte, es naht wie unverzüglich jedes Ereigniß des Lebens. Lebe wohl, ewig wohl.

FSC
www.fsc.org
MIX
Papier | Fördert
gute Waldnutzung
FSC® C083411

Kolibri 360 GmbH
Ferdinand-Jühlke-Straße 7
99095 Erfurt, Deutschland
produktsicherheit@kolibri360.de